高质量合金钢轧制有限元模拟及优化

洪慧平　著

彩图资源

北　京
冶　金　工　业　出　版　社
2023

内 容 提 要

本书针对高质量合金钢轧制过程涉及的孔型设计特点及相关变形制度、温度制度、速度制度和张力制度等重要工艺控制参数及其影响因素的变化提出科学的模拟方法，特别针对高质量合金钢轧制模拟涉及的材料模型和各类重要边界量的控制方法等进行详细而深入的分析，建立了不同条件下合金钢轧制三维热力耦合弹塑性有限元模型并给出模拟结果的特别分析方法，在此基础上得出具体的工艺优化方案，为高质量合金钢轧制的优化控制建立了重要的技术基础。

本书可供金属塑性成型领域的研究人员及相关现场工程技术人员阅读和参考。

图书在版编目(CIP)数据

高质量合金钢轧制有限元模拟及优化/洪慧平著．—北京：冶金工业出版社，2022.3（2023.5 重印）

ISBN 978-7-5024-9113-0

Ⅰ.①高… Ⅱ.①洪… Ⅲ.①合金钢—轧制—有限元法 Ⅳ.①TG335

中国版本图书馆 CIP 数据核字(2022)第 052643 号

高质量合金钢轧制有限元模拟及优化

出版发行 冶金工业出版社　　**电　话** (010)64027926

地　址 北京市东城区嵩祝院北巷 39 号　　**邮　编** 100009

网　址 www.mip1953.com　　**电子信箱** service@mip1953.com

责任编辑 卢 敏 张佳丽　美术编辑 彭子赫　版式设计 郑小利

责任校对 李 娜　责任印制 窦 唯

北京捷迅佳彩印刷有限公司印刷

2022 年 3 月第 1 版，2023 年 5 月第 2 次印刷

710mm×1000mm 1/16；11 印张；213 千字；164 页

定价 68.00 元

投稿电话 (010)64027932　投稿信箱 tougao@cnmip.com.cn

营销中心电话 (010)64044283

冶金工业出版社天猫旗舰店 yjgycbs.tmall.com

（本书如有印装质量问题，本社营销中心负责退换）

前　言

高质量合金钢在国民经济和国防建设等各个领域具有广泛而重要的用途。合金钢产品质量的优劣不仅与冶炼和热处理工序有关，而且与轧制等塑性成型工艺控制方案制定关系紧密。

合金钢轧制过程是多因素多阶段的控制过程，其质量控制包括：轧材尺寸精度、组织性能以及表面和内部质量等。质量控制受到众多复杂的工艺参数和设备因素影响。在开发合金钢轧制新产品过程中，制定安全可行的轧制工艺控制方案并研究在现有设备条件下不同工艺参数变化对不同规格热连轧合金钢的影响规律，从而达到通过工艺参数的优化改善产品尺寸精度和减少产品轧制缺陷（如轧后开裂等）具有重要的理论和现实意义。针对上述问题，以往大多采用经验试错法（trial and error）或纯粹的物理实验及试轧方法，不仅难以快速准确而有效地预测、调整和控制，而且风险大、成本高、研发周期长。随着计算机三维模拟仿真技术的飞速发展，特别是当前大型非线性CAE模拟仿真软硬件系统具有的高性能指标，为准确地超前再现并控制轧制过程金属的三维变形和预测产品的组织结构、提高产品质量、开发新品种提供了可能。

由于轧制等塑性大变形过程涉及复杂的材料非线性、几何非线性和接触非线性，因此需要应用非线性数值法。当前在轧制等塑性成型领域有限元（FEM）模拟技术特别是大变形有限元法能够考虑多种物理参数间的非线性影响关系，从而被认为是分析和解决金属三维变形及其热力耦合等问题最为通用和有效的研究工具。

有限元法针对复杂塑性成型的求解几乎可以不作简化假设，而且原则上能达到较高的求解精度。应用有限元法能对塑性成型过程给出全面且精确的数值解，在建立材料数据库和模型库以及相关重要边界条件（例如摩擦、传热、接触等边界条件）等的基础上，不仅能够准确模拟塑性成型多阶段的详细变形情况，得出各阶段的变形参数和力能参数，还可以模拟材料变形时的动态组织变化。以棒、线、型材以及管材等轧制为例，有限元模拟技术已成为现代孔型设计评价、诊断和优化设计结果的重要研究手段。在板材轧制以及锻造、挤压、拉拔、冲压等众多金属塑性成型领域，有限元模拟技术也成为对材料变形以及产品质量等进行评价的有效分析工具。有限元法在塑性加工成型分析中得到如此深入与广泛的应用，以至于到目前为止，几乎每一种塑性加工成型过程，都有研究人员从不同角度，用不完全相同的方法进行有限元分析、编程和计算。

具体在合金钢轧制工艺优化和质量控制方面，应用有限元模拟仿真技术，可以有效地计算分析变形体内部的应力场、应变场、速度场、温度场、变形场和其他重要力学参数的变化和最大值。实践证明，有限元模拟仿真结果的精度和可靠性远远高于仅仅依据传统轧制理论中的经验或半经验公式所得到的结果。因此有限元模拟仿真为更加准确有效地挖掘设备潜力提供了可靠的科学依据。在开发轧制新产品、扩大品种和规格方面，应用三维有限元模拟仿真及其接触分析技术并结合相关物理模拟和实验研究及现场的取样分析和验证，无疑是既经济快捷又安全可靠的有效研究途径。因此基于三维塑性成型有限元法的计算机数值模拟技术为更加高效率地优化轧制工艺并提高产品质量奠定了坚实的技术基础，成为当今钢铁工业智能制造的重要组成部分。

本书以大规格热作模具钢棒材为典型实例，重点突出高质量合金钢轧制过程涉及的孔型设计方法以及相关变形制度、温度制度、速度制度和张力制度等重要工艺控制量及其影响因素的科学模拟方法，特别针对高质量合金钢轧制模拟要求的模拟数据库（包括材料模型和材料数据等）以及各类重要边界条件的确定方法等进行详细而深入的阐述，建立不同条件下合金钢轧制三维热力耦合弹塑性有限元模型并给出模拟结果的特别分析方法，重点突出根据模拟结果实现工艺控制方案优化的科学方法，为高质量合金钢轧制提供最优工艺控制技术。

本书内容涉及的相关研究工作得到了北京科技大学、宝钢、亚琛工业大学和 MSC. Software 等单位科技工作者的帮助，在此一并致谢！

作　者
2021 年 10 月
于北京科技大学

目　录

1 概　　述

1.1 轧制过程数值模拟的意义

轧制过程追求的目标是优质、低耗、高效率地生产出用户所需的产品。随着国民经济和科学技术的发展，人们对提高产品质量、降低成本，提高生产的安全性和可靠性以及环境保护等，提出了越来越高的要求，这就要求不断优化生产工艺[1]。

在轧制技术的发展历程中，人们曾长期采用试错法（trial and error），即依据经验或者采用简单假设的（半）经验公式或设计规则来制定和改进工艺方案及设备的设计方案。但是，轧制生产往往不是在一个加工步骤中完成的，而由相互影响的多阶段组成，是一个复杂的综合系统。因此要对工艺和设备进行技术革新，单纯用试错法已不能满足要求，需要应用先进的模拟仿真技术[2,3]。

模拟仿真（包括物理模拟和数值模拟或计算机仿真）是对真实事物的形态、工作规律和信息传递规律等在特定条件下的一种相似再现，它具有超前性、综合性与可行性的特点[3]。材料成型数值模拟或仿真是在物理模拟和实验研究的基础上，应用数值计算方法和分析技术特别是有限元理论研究材料塑性变形过程中的应力、应变、温度等分布情况以及微观组织和宏观力学及物理化学性能等的变化规律。随着计算机技术的飞速发展，数值模拟或计算机模拟仿真技术近年来发展迅速，其中有限元法（finite element method，FEM）的应用最广泛，其通用性、准确性和可靠性也最高，理论最为成熟和完善，它对塑性加工过程给出较为全面而且准确的数值解。在准确建立材料模拟仿真数据库、模型库以及相关边界条件和初始条件的基础上，借助 FEM 模拟仿真技术，可以模拟多工步加工过程的全部细节，给出各阶段的变形参数和力能参数，还可以模拟包括轧制在内的许多材料加工涉及的材料变形和组织演化过程，实现对轧制工艺的优化，超前再现并代替和减少试轧过程，极大地降低成本并缩短设计周期[2,3]。

1.2 轧制过程数学模型分类

准确建立模拟仿真对象的数学模型是进行材料成型过程计算机模拟仿真的基础，因此材料成型过程模型库的建立、优化和分类等一直是研究的热点。表 1.1 是 R. Kopp 等研究者对轧制等塑性成型过程中常见的数学模型进行的分类[4]，现在许多塑性成型模拟计算分析的研究仍然依据其中的主要内容。

表 1.1　塑性成型过程包含的主要数学模型

数学模型	主 要 内 容
变形模型	压下、宽展、延伸、前滑、变形及应变分布等
温度模型	温升、冷却、工件温度分布等
力能模型	压力、扭矩、功耗、工件应力分布、工具受力分布等
相变、组织、性能模型	相变、组织演化、显微结构及力学、物理化学性能等
边界及物态模型	各类边界条件、摩擦条件、物态及本构方程等
机械设备及传动模型	传动系统、振动、工具弹性变形、工具磨损、故障诊断及维修等
生产流程模型	产品流动、生产节奏和物流控制等
经济模型	生产率、能耗、成材率、成本核算及利润预测等
目标函数及约束条件	确定优化的指标函数和工艺设备限制条件等
描述全过程的系统模型	建立整个材料成型过程的综合系统模型

针对塑性成型过程中数学模型的特点，R. Kopp 在 20 世纪 80 年代末 90 年代初又提出将塑性成型过程中的数学模型按宏观量、分布量和显微量三个层次进行划分，如表 1.2 所示[4,5]。

表 1.2　塑性成型过程中数学模型的层次划分

数学模型的层次	模型内容	建模所用的方法
宏观量	P，M，D，T 等、时序量、边界物态等	测试、物理模拟、专家知识、工程法、上界法等
分布量	σ_{ij}，ε_{ij}，τ_{ij} 及组织性能边界物态等	测试、物理模拟、解析法和数值模拟法等
显微量	相变、组织变化、裂纹萌生与扩展及显微断裂等	直接测试、物理模拟、数值模拟（特别是 FEM）等

自 20 世纪 90 年代以来，数学模型的研究类型和建模方法随着计算机技术迅速发展，现在人们越来越关注最终产品的质量预测和控制等的建模问题，由于其中涉及大量随机的模糊因素，单纯运用传统的建模方法难以解决问题，因此建模方法已有许多重大变化。

当前概率统计中的蒙特卡洛法、马尔科夫链和人工智能领域中的专家系统、人工神经网络以及模糊数学和模式识别等理论已开始广泛应用到材料成型的建模过程中并取得了很大成果。数学模型类型也从传统的宏观量、分布量的计算深入到微观组织模拟、内部缺陷预测和显微裂纹萌生、扩展与断裂分析及产品表面质量的预测和控制等方面，从而力求全面、准确、综合地超前再现并控制产品质量。

1.3 轧制过程模拟仿真的级别

为了经济有效地进行模拟，在选择模拟方法的时候，需要根据模拟目标量的不同，在模拟方法和费用之间作出合理的选择。

R. Kopp 提出，可根据要模拟的目标量不同和数学模型类型及层次的不同，将计算机模拟分为不同级别，如表 1.3 所示[4,5]。在这样的多级模拟仿真分析中，第 n 级的模拟结果应是第 $n+1$ 级的平均值。

表 1.3 模拟仿真的级别

模拟仿真级别	主要模拟仿真量类型	主要方法
总体模拟	总体量（平均量）：力、力矩、功率、平均温度、…	初等解析法、FEM、上下界法、相似理论和经验模型等
局部模拟	局部量：应力、应变、应变速率、温度分布、…	FEM、滑移线法、视塑性法等
微观模拟	微观量：晶粒大小、织构、…	FEM、物理模拟等

在上述不同级别的模拟中，各有与之相适应的模型类别。按照将模拟分三级来考察，适用于各级模拟的模型类别大致为：

（1）在模拟总体量的第一级模拟中，主要应用初等解析法，也可用上下界法，相似理论法和经验法模拟。初等解析法在正确给定摩擦系数（实际上是作为修正值）的情况下，可相当准确地计算力、功、力矩等总体量以及平均温度等，但不能模拟真实材料的流动及局部量；上下界法可较好地模拟总体量，常在很简单的速度场下就可得出较好的结果，但这个速度场并不适合真实的材料流动或局部参数的描述；相似理论法和经验法通过实验和统计建立经验模型模拟各总体量。此外，可用模拟局部量的方法对获得的分布量积分得到总体量。

（2）在模拟分布量的第二级模拟中，主要使用有限元法。在一定条件下也可以用滑移线法和视塑性法。依据离散化程度和边界条件的准确程度，有限元法可模拟各种分布量，并且具有很高的可靠性。经典的滑移线理论最早处理的是刚塑性材料的平面变形问题，可以得到应力分布，也可以得到应变分布和材料流动规律，而求解平面应力和轴对称问题就复杂得多。近年来，对用滑移线场理论解决加工硬化材料、各向异性材料和更复杂的塑性加工问题也有了大量研究。

（3）在模拟微观量的第三级模拟中，可用有限元法结合材料显微组织变化模型进行模拟。由此可见，有限元法是目前在材料成型过程中应用较普遍的方法。

1.4 轧制过程的主要求解方法

轧制过程的特点：轧制过程涉及大变形、多阶段、多因素的交互影响，常常涉及几何与材料高度非线性的问题。

从钢水浇注到生产出成品钢材，往往是经过从原料轧制成半成品（坯料），最后轧制成成品的多个阶段。在这每一个阶段中，又要经过加热、轧制、冷却、精整各个工序。在每一工序中，又分许多影响因素，例如轧制中，受材料特性、设备、温度、速度、摩擦等许多因素影响，而且各工序和各因素之间相互影响。因此，有限元法在轧制过程中的应用有许多突出的特点，其处理难度也大得多。

首先是要处理大塑性变形过程，这一过程还伴随着非线性的材料行为，这就往往要求把整个过程的模拟分步地进行。

其次，金属塑性加工中温度场往往是非定常的，而温度又与许多其他因素交互影响。例如，随时间而变化的温度场通过屈服应力与温度的关系而影响材料的屈服（流动）；同时，材料的热学值和热边界值也受变化的温度场的影响（见图 1.1）。

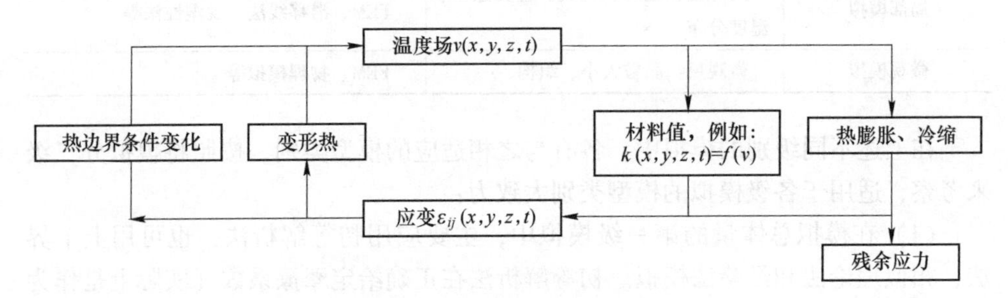

图 1.1 变形过程中温度场与应变的交互作用

由于轧制过程大塑性变形机理的复杂性、复杂的边界条件以及难于用数学关系式加以描述，使得人们长期以来只能通过采取简化、假设，并借助于实验、经验数据、图解和模型等手段将难以精确求解的数学力学问题变为实际工程问题，以求解一些重要的变形参数，如力、应力、应变和温度等，这样就产生了各种近似程度和适用范围都有所不同的解析法和数值法、经验/解析法和经验法，如表 1.4 所示[6]。

表 1.4 塑性加工力学的求解方法

解析法和数值法	经验/解析法	经验法
初等解析法，滑移线法 上界法，误差补偿法 有限元法，有限差分法 边界元法	相似理论法 视塑性法	实验技术法 统计法

（1）初等解析法。初等解析法又称主应力法或切片法（slab method），虽然近年来各种数值方法进展很快，但初等解析法由于能够较为简单地估算变形所需的力和功，并且便于了解变形过程的物理关系，虽然数值法意义越来越大，初等解析法仍保持了它在模拟技术中的地位。

初等解析法的适用范围：1）对真实材料流动及由此导出的局部量，仅能做平均值计算；2）用初等解析法不能正确地求得塑性区；3）由于运动学假设，应力将作为截面上平均应力进行计算。也可计算横向上的应力变化，当摩擦系数选择正确时，计算出的应力变化能近似表示真实应力变化；4）变形温度也可简化计算，其中内部局部剪切对温度场的影响只能通过修正项考虑；5）在正确选择摩擦系数（在这种情况下，摩擦系数看作修正值，而不看作物理的摩擦值）的情况下，积分量，如力、功和力矩可以相当准确地求得。

对于轧制问题，这种解法求得的结果一般能够定性地符合轧制压力分布规律和金属流动规律，但计算精度还有待进一步提高。当前初等解析法在轧制方面的典型应用是在板带轧制方面。

（2）滑移线法[7]。滑移线法是针对具体变形过程建立滑移线场，然后利用某些特性来求解塑性成型问题，如确定变形体内的应力分布、计算变形力和分析变形等，它仅适用于理想刚塑性体的平面应变和轴对称问题。

滑移线法的适用范围：1）用滑移线法求得的塑性区可以很好地与真实塑性区相符合。然而这里求得的结果大多只能是定性的，而且在经典滑移线场理论中假设材料为刚塑性材料；2）可借助于滑移线场计算局部速度和材料流动；3）滑移线法很适于计算局部应力状态，此外滑移线法也用于获得应力上界；4）可从局部量通过积分计算力、功和功率等。

（3）上界法[8]。这一方法基于理想塑性材料的极值原理，如虚功原理或塑性功极大值原理。当计算以运动许可的速度场为基础时，得到功率的上界值。运动学许可速度场就是满足速度边界条件和体积不变条件的速度场。与此相反，当计算从静力许可应力场出发时，得到功率的下界值。在这个应力场下，必须满足静力边界条件和平衡条件。

上界法的适用范围：1）除了计算功率外，如果速度函数或应力函数能很好地接近真实情况，还可有效地计算局部量，如应变、温度、应力，但这大多需要大的计算工作量；2）上界法可以在很简单的、耗费不大的速度场下计算出所需的力、功和功率等参数，但这些速度场并不适于描述真实材料流动或局部过程参数。

（4）有限元法（FEM）[9~13]。20世纪50年代中期，飞机逐渐由螺旋桨向喷气式过渡，为了精确分析喷气飞机高速飞行时的振动特性，波音公司的研发人员开发了一种全新的分析方法。他们先将机翼的板壳分割成小的三角形单元，用简单的数学方程式来近似地描述各三角形的特性，再将所有的三角形单元整合起来，建立描述机翼总体特性的矩阵方程式，用计算机求解，由此诞生了有限元法。

有限元的基本思想就是将由无限个质点组成的连续物体划分成有限个简单几何形状的单元，各单元之间靠节点（节点相当于铰链）相连，这一过程称作离散化。各单元之间的相互作用内力（节点力）靠节点传递。作用在节点上的外力为节点载荷。离散化以后，进行单元分析，找出节点力与节点位移的关系。单元分析后，对整个物体进行整体分析，找出整个物体所有节点的节点载荷与节点位移的关系，这些关系构成了一个线性方程组。引入边界条件后，根据线性方程组再求各单元的应力与应变。由于采用矩阵方法求解线性方程组，因此可将此过程编制计算机程序，用计算机求解。

FEM 的突出特点是其具有通用性，FEM 可广泛地应用于结构分析、热分析、流体分析、电磁分析等。而且 FEM 已由一种独立的分析方法成为现在 CAD/CAM/CAE 系统不可或缺的组成部分。

在材料加工领域有限元模拟仿真技术被认为是对材料变形、传热、产品质量等进行分析预测和开发新品种非常有效的分析工具 。有限元分析方法已经帮助人们有效地解决了许多锻造、挤压、拉拔、冲压和轧制等金属成型问题。有限元法的应用领域非常宽广，在足够高的离散程度下，除了局部位移、变形和变形速度外，还可获得应力场、应变场和温度场等分布量。这一方法原则上在一切复杂情况下都可使用，并且具有较高的准确性。它适用于以大应变和非线性的材料行为为特征的塑性加工问题。此外，根据离散化和边界条件的准确度，FEM 能计算变形体力学的所有局部参数和所有总体目标量。然而 FEM 的万能应用是以高速计算机的发展为必要条件的。

（5）边界元法（BEM）[14~16]。边界元法是 20 世纪 70 年代继 FEM 之后发展起来的一种数值方法。与有限元法在连续体域内划分单元的基本思想不同，边界元法先把问题控制微分方程变换成等价的积分方程，然后用单元将求解域的边界离散化，将函数的求解简化为求解单元节点上的函数值，由此将积分方程的求解转化为线性代数方程组的求解。

与其他数值方法相比，BEM 具有下述特点：1）只在边界上划分单元，这样研究的空间维数降低了一维，单元数和未知数少，数据准备简单，所需机时和内存少。此外，由离散引起的误差仅限于边界，从而提高了计算精度；2）易于求解无限域或半无限域等工程中经常出现的问题；3）工程中的奇异问题，如裂缝尖端的应力问题，用 FEM 求解时，在尖端处要把单元分得更密，而 BEM 的基本解本身就具有奇异性，无需在域内划分单元。

然而 BEM 的应用也有其不足之处，当需考虑材料中的体积力、温度变化、非线性或进行弹性分析时，在边界积分方程中包含有区域积分，因此也要在区域内划分网格，这样，BEM 的优点便得不到充分发挥。要根据具体问题分别采用 FEM 和 BEM，有时也将两者结合起来以充分发挥各自特长。

(6) 有限差分法（FDM）[17]。有限差分法是利用网格线将定解区域分割为离散网格，在此基础上通过适当的途径将控制微分方程离散化为用差分近似表示的关系式，即差分方程离散化为用差分近似表示的关系，即差分方程，并将定解条件离散化。一般把这一过程称为构造差分格式，不同的离散化途径得到不同的差分格式。建立差分格式后就把原来的偏微分方程的定解问题化为代数方程组，通过解代数方程组，得到定解问题的解在离散网络上的近似值组成的离散解，应用插值方法便可从离散解得到定解问题在整个定解区域上的近似解。

FDM 求解有大体固定的模式，有较强的通用性，但是在应用这种逼近方法时会遇到许多数学问题，如精度、稳定性与收敛性等，此外，还很难用差分表示复杂的边界条件。

1.5 轧制过程有限元模拟的类型

依据材料非线性本构关系，金属塑性成型有限元模拟的类型大致可分为弹塑性有限元、刚塑性有限元和黏塑性有限元等，以下以弹塑性、刚塑性和黏塑性有限元及其在轧制过程模拟仿真中应用的相关问题进行说明。

1.5.1 弹塑性有限元模拟

弹塑性有限元包括小变形理论和大变形理论。小变形弹塑性有限元在塑性阶段引入非线性材料模型，而应变与位移之间仍是线性关系，只适用于材料微小变形或材料成型的初期阶段。由于材料成型过程（如轧制过程）大多是大变形问题，大变形有许多特点如产生大位移和大转动以及有限单元和网格发生严重畸变等，另外还表现出明显的材料非线性（即应力与应变之间的非线性关系）和几何非线性（即应变与位移之间的非线性关系）以及边界条件非线性等特征。因此基于有限应变理论基础上的大变形弹塑性有限元更适用于轧制过程的模拟仿真。

自 20 世纪 70 年代初期 Hibbit 采用拉格朗日法[18]，Osias 和 McMeeking 于 70 年代中期采用欧拉法分别提出有限变形理论基础上的大变形有限元列式[19]以来，该方法不断完善，业已解决了许多工程实际问题。

根据弹塑性有限元理论建立的材料有限元模型最接近材料的实际特性，能够处理卸载、非稳态成型过程、残余应力和残余应变的计算以及分析和控制产品缺陷等问题，处理金属塑性成型模拟仿真问题通用性较强，这些优点是其他方法所不及的。但由于该理论基于增量型本构关系，为提高计算精度，增量步长不能取得太大，因而计算量较大，以往囿于计算机硬件水平及运算速度的限制，单元和节点划分的数量也受限制，模拟精度并不高，曾经一度（20 世纪 70~80 年代）在型钢轧制等较复杂的成型过程三维模拟仿真上的应用相对少于刚塑性有限元模拟。随着计算机技术的飞速发展和硬件性能价格比的提高以及成熟的商业软件的出现，大变形弹塑性有限元模拟仿真在材料成型过程也逐渐积累了大量的应用实例。

C. Liu 运用弹塑性有限元理论模拟了板坯的轧制过程，计算了板坯冷轧过程中的应力、应变分布及接触面上的摩擦力和压力分布[20]。Amo H. Hensel 采用 Marc 软件分析了角钢的成型过程[21]。A. S. Karhausen 采用 ABAQUS 软件的弹黏塑性法模拟了板带的成型过程，并用 MICROPLA 程序模拟了组织演变过程[22]。

北京科技大学在 20 世纪 90 年代有许多研究者率先在国内借助非线性有限元分析的商业软件开展轧制过程弹塑性大变形有限元模拟仿真研究。例如，何慎运用 ABAQUS 模拟钢管斜轧穿孔的变形过程[23]，张鹏运用 Marc 分析板带单道次轧制过程温度场的变化规律以及方轧件在椭圆孔型中单道次的三维变形特点[24~26]，阎军运用 Marc 分析角钢（C22 钢）成型过程和椭圆孔型中轧件三维变形[27,28]，王艳文运用 Marc/Autoforge 模拟 GCr15 钢棒材连轧过程的金属三维变形[29~31]，尚进运用 Marc/Autoforge 对 60kg/m 钢轨在帽形孔中的单道次热轧变形过程进行了三维有限元模拟及工艺分析[32]，窦晓峰运用 Marc 分析了低碳钢热轧板带钢动态再结晶的组织变化并用热压缩做热轧模拟的实验验证[33]，在特定钢种和具体成型等条件下均取得了与实验结果相符合的分析计算结果。

1.5.2 刚塑性有限元模拟

刚塑性有限元法是从刚塑性材料的变分原理或上界定理出发，把能耗泛函表示成节点速度的非线性函数，利用最优化原理得出满足极值条件的最优解，即总能耗最小时的运动许可速度场。刚塑性有限元模型由于忽略材料弹性部分，使塑性问题求解得到一定程度的简化，对于大塑性变形往往能够得到较理想的计算精度。与弹塑性有限元相比，刚塑性有限元在求解过程中无应力的误差累积和单元逐步屈服等，因而可用相对较少的单元数求解大变形问题，其计算量大为减少，因而许多大变形问题包括板带和型钢轧制过程模拟分析都是用刚塑性有限元法进行的。刚塑性有限元法也成为一些商业化软件（如 DEFORM）的核心算法。随着计算机性能的不断提高，早期的二维或二维半模拟逐渐过渡到三维模拟。

自从 Kobayashi 利用矩阵法得出新的刚塑性有限元列式[34]以来，刚塑性有限元得到很大应用。例如 Kobayashi 和 Guoji Li 等运用刚塑性有限元分析了包括轧制在内的许多金属成型问题[35~37]。Mori 和 Osakada 等采用刚塑性体积可压缩有限元模拟了平辊轧制方件及方件在椭孔中轧制等简单断面型钢的轧制过程，得出轧件形状的变化和轧制压力的分布[38~41]。N. Kim 和 S. M. Lee 采用自行开发的准三维有限元分析软件 TASKS 计算了方轧件在椭孔中的变形过程，在轧件横断面上采用有限元法，轧件长度方向采用切片法，以减少计算时间[42,43]。P. Xing 根据刚塑性有限元理论提出准三维分析的变形模式，应用在简单断面型钢和角钢的稳态轧制过程[44]。Yanagimoto J. 等采用刚塑性法分析了棒材张力轧制和多道次轧制情况，轧件在道次间采用了网格再生技术以解决网格重划分问题[45,46]。Manabu Kiuchi 等将刚塑性有限元和初等解析法相结合分析了 H 型钢的成型过程，计算了轧件内部变形量的分布[47]。

我国研究者自 20 世纪 80 年代以来利用刚塑性有限元理论在分析轧制过程轧件变形方面做了许多研究工作，其中包括对 H 型钢的轧制变形和万能孔型中轨形件的宽展等进行的数值分析[48~50]。

由于计算时间仍然是制约刚塑性有限元在型钢轧制全三维模拟仿真中广泛运用的重要因素，为解决此问题，上述研究者大多对轧制过程本身的边界条件加以简化或将刚塑性有限元算法与初等解析算法结合加以简化处理，其本质是用简化的三维模型去近似实际的复杂三维变形过程，模拟精度仍然受到一定影响。另外由于求解刚塑性有限元是要在满足能耗泛函最小化时变形速度场的计算，这涉及初始速度场的确定，初始速度场（特别是金属塑性成型中的非稳态问题）的确定对收敛速度也有较大影响。与弹塑性有限元法相比，刚塑性有限元法的主要缺点是：由于忽略弹性变形，不能处理卸载问题，也不能计算残余应力和弹复。

1.5.3 黏塑性有限元模拟

有些金属发生塑性变形时，特别是在高温变形时，变形速度与屈服极限和硬化情况有密切关系，这种性能称为黏塑性[51]。通常当变形速度增大时黏塑性材料屈服极限也增大，即屈服极限对变形速度有较大的敏感性，在本构关系中要考虑应力应变速率的此种比例关系。图 1.2 所示为高纯铝的应力-应变曲线，图 1.3 所示为高纯铁的应力-应变曲线，都表现出了上述特性[51]。

当前黏塑性材料可分为三类：（1）黏弹塑性材料：材料在弹性变形和塑性变形阶段都具有黏性；（2）弹黏塑性材料：材料在发生塑性变形以后才具有黏性；（3）刚黏塑性材料：弹性变形可以忽略的黏性材料。

黏塑性理论是由 Zienkiewicz 等学者发展起来，并首先运用于轧制过程的分析，将金属热加工时的流动视为非牛顿不可压缩黏性流体，推导出了刚黏塑性的有限元列式。Kobayashi 等在刚黏塑性材料的变分原理基础上也得出类似结果。

黏塑性有限元与刚塑性有限元的本构关系虽有不同，但算法具有一致性，可以说刚黏塑性有限元是刚塑性有限元的扩展，在工程上也得到了较好的应用。

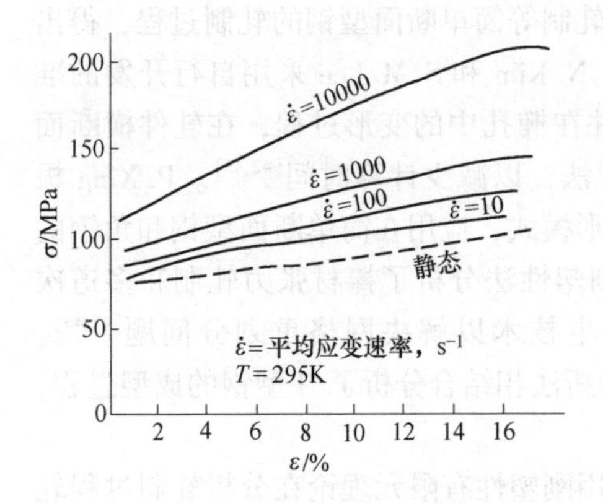

图 1.2 常应变速率下高纯铝的应力-应变关系

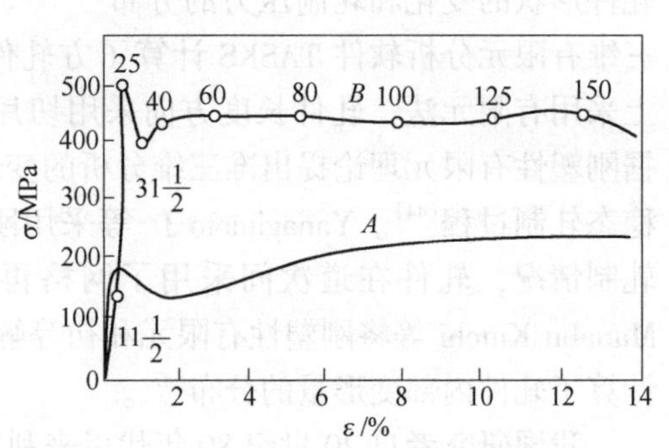

图 1.3 高纯铁的应力-应变曲线

A—静态；*B*—动态；曲线上的数字表示时间，单位 μs，冲击速度为 60m/s

Kobayashi 运用黏塑性有限元分析了圆环压缩过程[52]，在特定条件得出与实验相近的模拟结果。J. J. Park、S. I. Oh 利用刚黏塑性有限元模拟了板带和方轧件在椭圆孔型中的变形，得出接触区压力分布大小[53]。

1.6 影响有限元模拟精度的若干因素

虽然有限元模拟仿真是目前金属塑性变形数值分析方法中最为准确和可靠的方法之一，但是为了最终能够获得准确可靠的结果，不仅要求具备在前后处理及求解算法上经受过许多大型工程分析问题验证、稳定成熟可靠的有限元分析软件做仿真平台，而且要求建立准确的边界条件及材料模拟仿真数据库。这是因为不正确的边界条件和材料物性参数引起的误差，可能会大大超过塑性力学问题数值算法本身带来的误差[54]。当前影响轧制有限元模拟仿真精度的若干误差源如表 1.5 所示。

表 1.5 影响有限元模拟精度的几种误差源

误差源类型	内 容
物理误差源	物理边界条件（摩擦定律、摩擦系数、热传导系数等） 塑性力学本身假设条件（材料定律、屈服条件、变分原理等） 材料物性参数（密度、质量热容、流变应力等）
数值算法误差源	单元类型、插值函数、时空离散度、单元退化、数值积分等
计算机硬件误差源	进位等
其他误差源	模型类型的构造、假设等

由于在使用现有成熟的商业有限元模拟仿真软件包过程中，边界条件和材料物性参数等可能是直接影响有限元模拟仿真结果准确性的主要误差源，因此提高有限元模拟仿真精度的一种有效途径是建立能准确定量描述材料成型过程的相关边界条件、初始条件和材料物性参数等。

20世纪90年代以来，国内外众多研究者对与有限元模拟相关的材料物性参数和边界条件及其对于模拟精度的影响关系展开了研究[54~65]，其中R. Kopp等提出的以物理模拟或实验同计算机模拟相结合为主要方法确定材料物性参数和边界条件的基本流程（如图1.4所示）至今对金属塑性成型有限元模拟仿真具有重要的理论指导意义。这个流程主要分为以下5个具体步骤[66]：

（1）通过查阅文献或物理模拟实验确定基本的物性参数，如杨氏模量、泊松比、导热率、热容、密度等；

（2）用FDM的对比研究以确定热辐射系数；

（3）用实验及有限元模拟的对比研究以确定工具与工件之间接触热传导系数；

（4）运用材料热模拟实验机对圆柱形试样进行压缩实验，将采集的数据进行回归处理，得到屈服应力数学模型；

（5）采用锥形工具对钢管进行压缩实验，变形后的工件形状与不同摩擦条件下采用有限元模拟所得到的工件形状进行对比确定摩擦系数。

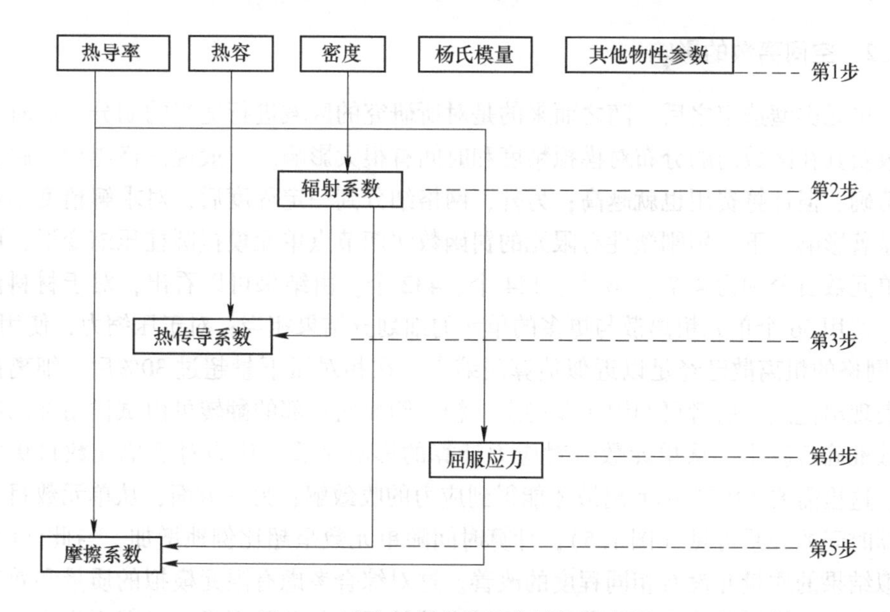

图1.4 确定材料参数及边界条件流程

由于轧制过程有限元模拟的特点（如大塑性变形、高度非线性、甚至热力耦合分析等)，因此在进行有限元建模过程中，既要考虑上述材料参数及各类边界条件（如摩擦、传热等）等误差源可能对模拟结果产生的影响，也要考虑计算的成本。与计算成本密切相关的因素通常还应包括以下内容[66]。

1.6.1 单元类型的选择

有限元程序提供适合求解各种问题的单元库。一方面对不同问题应选择不同的单元；另一方面对同一问题在保证精度的条件下可能存在几种可用的单元。

以轴对称环形件压缩和几种刚塑性单元类型为例可以证明单元类型的选择对模拟精度和计算时间的影响。模拟时分别采用了惩罚函数法和拉格朗日乘子法，四节点和八节点等参单元模拟中给定准确的摩擦面的运动边界条件，这是通过视塑性法准确获得的。对模拟结果的评价使用体积不变条件、测得压缩力和工件外形的变化。

研究结果表明，除采用惩罚函数法的八节点单元外，所有其他单元类型都给出了几乎相同的结果，即计算的试样的外轮廓形状和压缩力与测量值很一致，而惩罚函数法的八节点单元在试样角部得出不真实的材料流动。这影响了力的变化和测量值的一致性。从计算角度上看，拉格朗日乘子法与惩罚函数法相比有缺点。而在采用惩罚函数法时，八节点单元与四节点单元相比，计算时间增加（有时对比运算指示计算时间增加 25%）。

1.6.2 空间离散的影响

单元类型选定之后，随之而来的是对所研究的区域进行适当的划分。此时单元数及其在区域内的分布对模拟精度和时间有很大影响。一般说网格越细，解就越精确，但计算费用也就越高；另外，网格细分到一定程度后，对求解精度不再有显著影响。下面用刚塑性有限元的罚函数法四节点单元模拟圆柱压缩变形，研究单元数目分别为 4 个、36 个、144 个、432 个。由结果可以看出，对于材料流动，使用 36 个单元粗离散与更多的单元的细划分结果相当；对于压缩力，使用 2 ×2 网格的粗离散已经足以近似估算压缩力，在相对压下量超过 30%后，细离散才表现出优点，后者可归因于非稳态接触，侧面向角部的翻转可由试样角部的细离散准确反映出。从单元数目对应力计算的影响来看，应力对于单元数目更敏感，这里需要 12×12 单元离散才能得到应力的收敛解；另一方面，从单元数目和计算时间的关系可见（图 1.5），计算时间随单元数呈超比例地增加，与此同时，模拟结果的质量并没有相同程度的改善。这对综合考虑有限元模拟的质量和效率很有意义。模拟的准确性与费用应成适当的关系。与此相联系，可以看出 1.3 节讲到的模拟的分级是合理的。在这个多级模拟考察中，要求模型的“精度”与目标量相适应。

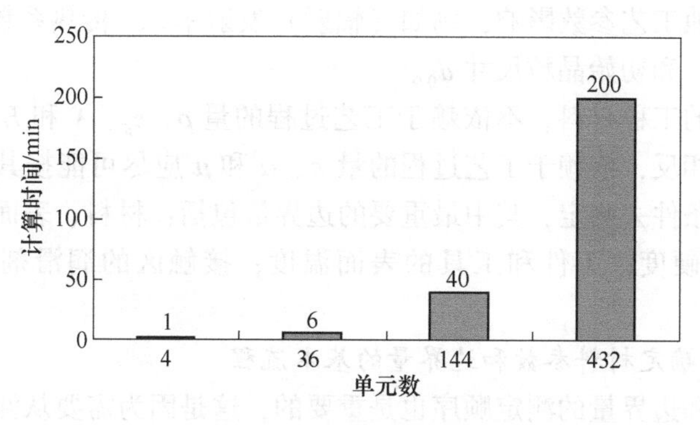

图 1.5 单元数与计算时间的关系

确定适当的单元离散主要依靠经验，如果没有经验采用，应采用不同“细度”的离散进行试算和比较。由于复杂的几何边界条件和局部应力集中等不同原因，有时需要网格的局部细化。

1.6.3 时间离散的影响

在模拟非稳态变形过程时，时间步长对模拟结果有很大的影响。模拟结果表明，棒材拉拔（用横截面上垂直线的弯曲作为比较量）和平板压缩变形时，时间离散（用每一增量步时的高度变化表示）对各目标量和计算时间的影响可以看出，力、长度变化等总体量与应变速率、应力等分布量相比，前者对时间离散的敏感程度比后者弱。

1.7 材料参数及边界条件的确定方法

1.7.1 确定材料参数及边界条件的基本流程

在轧制等金属塑性成型数值模拟过程中，因不准确的边界条件和材料参数导致的误差可能会大大超过由于塑性力学问题的数值法产生的误差，因此采用有限元模拟技术求解金属塑性成型问题时，必须准确描述和测定塑性成型过程的边界条件以及材料的各类重要物性参数。

1.7.1.1 材料参数的分类

按材料参数是否受塑性成型工艺过程的影响，可将材料参数分为不依赖于工艺过程的量和依赖于工艺过程的量。

（1）不依赖于工艺过程的量（非过程量）：非过程量主要取决于材料本身以及温度，例如密度 ρ、质量定压热容 c_p、热导率 λ 和弹性模量 E。

（2）依赖于工艺过程的量（过程量）：过程量除了取决于材料本身以及温度

以外，还受其他工艺参数影响，例如（辐射）发射率ε、传热系数α、摩擦系数μ、流变应力k_f和初始晶粒尺寸d_0。

对于常用的工程材料，不依赖于工艺过程的量ρ、c_p、λ和E存入数据库中能随时使用。相反，依赖于工艺过程的量ε、α和μ应尽可能按其所应用的具体塑性成型工艺条件去测定，其中最重要的边界量包括：材料、表面状态、工件和工具的强度及硬度；工件和工具的表面温度；接触区的润滑剂、相对速度和压力。

1.7.1.2 确定材料参数和边界量的基本流程

材料参数和边界量的测定顺序也是重要的，这是因为需要从测量值和计算值的比较得出边界量。在计算中常采用有限元法（FEM）或有限差分法（FDM）。因此按照目标量情况，必须已知一个或多个边界量，采用逐步测定法确定各边界量。从已知的非过程量λ、c_p、ρ和E开始，逐步确定各个过程量ε、α、μ、k_f和d_0的顺序如图1.6所示[66,67]。

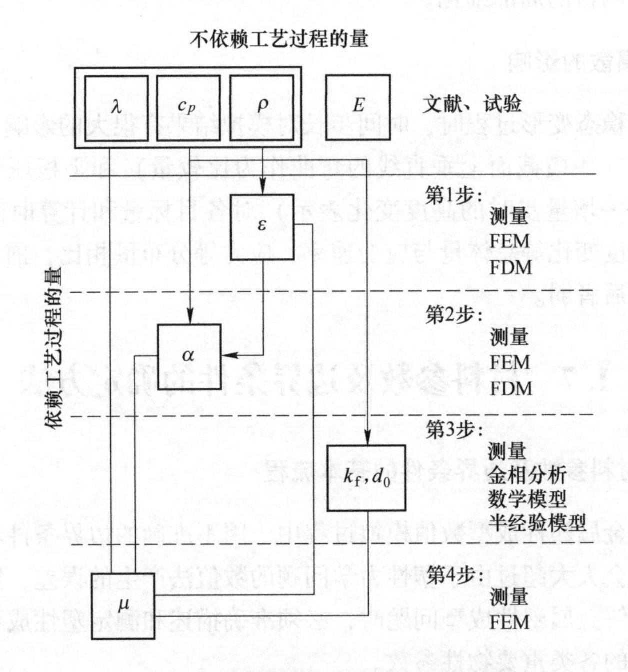

图1.6 材料参数和边界条件的确定流程

测定材料参数和边界量的基本流程为：第1步，根据不依赖于工艺过程的量λ、c_p、ρ首先测定依赖于工艺过程的量中的发射率ε；第2步，测定传热系数α；第3步，测定流变应力k_f和初始晶粒大小d_0；第4步，测定摩擦系数μ。每一步（除了第3步）的参量测定都必须已知之前测定的量。

1.7.2 流变应力、流变曲线的测定方法

1.7.2.1 流变应力、流变曲线

在金属塑性成型模拟中，流变应力是最重要的材料特征量。流变应力是单向应力状态下产生塑性流动的应力绝对值。用绝对值表示流变应力是因为应力也可能是压应力而为负值。

在单向拉应力下， $$k_f = \sigma_1 \tag{1.1}$$

在单向压应力下， $$k_f = |\sigma_1| \tag{1.2}$$

流变应力除了取决于材料本身（合金成分和组织结构）外，还取决于已发生的应变（ε）、当前的应变速率（$\dot{\varepsilon}$）和变形温度（ϑ）。应当注意，不仅 ε、$\dot{\varepsilon}$、ϑ 的瞬时值影响当时的流变应力，而且此前所经历的温度和变形历史也影响该瞬时的流变应力，同时瞬时的微观组织也受其经历的温度和变形历史影响。

在流变曲线中，k_f 表示材料、已发生的应变、当前应变速率和变形温度这四个量的函数。

1.7.2.2 流变曲线测定的不确定性

流变曲线有许多不确定性，其原因有：不同的实验方法；应力状态和应变状态的不均匀性；实验过程中实验参数（温度、变形速率）的变化及测量值的误差；实验机的弹性变形以及实验环境对于路径测量信号产生的某种未知影响。

另外还要分析实验参数与塑性成型工艺参数不同的情况，其中包括：对所用材料进行的分析情况；所用材料的组织状态（之前经历的历史）；所用材料的均匀性和各向异性；塑性成型过程中温度和/或变形历史的不同。

针对名义上相同的材料，采用不同方法确定的流变曲线值因上述原因有时可能相差30%~50%。因此，根据应用情况的不同，在测定流变曲线时，要有相应的仔细程度及合适代价的测试技术进行。

1.7.2.3 流变曲线的描述

流变应力与变形历史之间复杂的相互作用关系使得要将流变应力描述为所有影响参量的函数极其困难。大多数情况下可将流变应力简化描述为依赖于当时温度、应变和应变速率的状态变量。这样处理常能满足用初等解析法粗略计算变形力、变形功和变形功率的需要。但是若想更为精确地模拟塑性成型过程，例如要计算局部目标量（局部应力、应变、温度等），则需要应用相应的更为准确的流变曲线，该流变曲线必须与局部“变形历史”相一致。

按照目标量和要求的不同级别，可将流变曲线的描述划分为三种精度等级的量，见表1.6。

表 1.6　不同精度等级的目标量和流变曲线描述

项　目	目标量	流变曲线的描述
总体量（Ⅰ）	积分的过程量	$k_{fm}(\varphi, \dot{\varphi}, \vartheta_m)$
局部量（Ⅱ）（连续介质力学观察）	$\sigma_{ij}, \dot{\varepsilon}_{ij}, \varepsilon_{ij}, \vartheta$	$k_f(\varepsilon, \dot{\varepsilon}(t), \vartheta(t))$
微观量（Ⅲ）（金属物理、显微观察）	$\sigma_{ij}, \dot{\varepsilon}_{ij}, \varepsilon_{ij}, \vartheta$ 晶粒大小，晶粒取向	$k_f(\varepsilon, \dot{\varepsilon}(t), \vartheta(t), d_0$, 织构) d_0 = 原始晶粒大小

1.7.2.4　流变曲线的表达式

A　冷变形流变曲线

$$k_f = a\varphi^n \tag{1.3}$$

式中，$a = k_f(\varphi = 1)$，同时 n 是加工硬化指数（$n \approx \varphi_g$）。在双对数表达式中 $\lg k_f = \lg a + n\lg\varphi$ 是一条斜率为 n 的直线。在这里假定加工硬化指数不随 φ 变化，这仅是近似情况。因此若将实验确定的流变曲线外推到一个特定的变形程度，例如把在拉伸实验中测得的该曲线借助于该公式外推到较大应变区，也是有问题的。在应用该公式时，还必须包括初始流变应力的描述 $k_{f0} = k_f(\varphi = 0)$。

由于在很小变形程度范围（$0 \leqslant \varphi \leqslant 0.02$）存在较大误差，流变曲线表达式有时被修正为：

$$k_f = k_{f_0} + a_1\varphi^{n_1} \tag{1.4}$$

或

$$k_f = a_2 \cdot (b + \varphi)^{n_2} \tag{1.5}$$

应变速率的影响经常未作考虑，其原因是在接近室温条件下应变速率的影响很小。应变速率的影响可以表述为一个幂函数：

$$k_f = A_\varphi \dot{\varphi}^m \tag{1.6}$$

速率指数的大小为 $0.001 \leqslant m \leqslant 0.07$，其值远小于热塑性成型和超塑性成型时的速率指数。结合公式（1.3）得到流变应力的完整表达式为：

$$\left.\begin{aligned} k_f &= A_\varphi \varphi^n A_{\dot{\varphi}} \dot{\varphi}^m \\ \text{或}\qquad k_f &= A\varphi^n \dot{\varphi}^m \end{aligned}\right\} \tag{1.7}$$

式（1.6）和式（1.7）中的系数和指数要求 $\dot{\varphi}$ 用单位 s^{-1} 代入。

B　热变形流变曲线

由于 $k_f(\varphi)$ 与幂函数相似，因此也可采用下式描述硬化行为：

$$k_f \sim A_\varphi \varphi^n$$

对于动态回复和动态再结晶引起的软化，大多采用下式：

$$k_f \sim \exp(-m_\varphi \varphi) \quad \text{或} \quad k_f \sim \exp(m_\varphi/\varphi)$$

应变的全部影响可以包含于下面关系式中：

$$k_f = A_\varphi \varphi^n \exp(-m_\varphi \varphi)$$

对于应变速率影响也采用一个幂函数：

$$k_f \sim A_{\dot\varphi} \dot\varphi^{m_{\dot\varphi}}$$

式中，速率指数也看作常数。实际上，速率指数一般随 $\dot\varphi$ 增加而变大，另外它还依赖于温度。

根据在通常热塑性成型温度范围内所观察的温度对流变应力的影响，可将其表示为指数函数：

$$k_f \sim A_\vartheta \varphi^n \exp(-m_\vartheta \vartheta)$$

根据上述各影响关系得到一个关于热变形流变曲线可能的函数表示式为：

$$k_f = KA_\varphi \varphi^n \exp(-m_\varphi \varphi) A_{\dot\varphi} \dot\varphi^{m_{\dot\varphi}} A_\vartheta \exp(-m_\vartheta \vartheta) \tag{1.8}$$

通过回归实验数据，能确定公式（1.8）中的各个待定系数（K、A_φ、n、m_φ、$A_{\dot\varphi}$、$m_{\dot\varphi}$、A_ϑ、m_ϑ）。这样做得到可靠结果的前提是要通过实验测得足够多的实测点［$k_f(\varphi,\ \dot\varphi,\ \vartheta)$］。对于在 $0 \leqslant \varphi \leqslant 0.8$、$1\mathrm{s}^{-1} \leqslant \dot\varphi \leqslant 10\mathrm{s}^{-1}$ 和 $1000℃ \leqslant \vartheta \leqslant 1200℃$ 范围内的热变形流变曲线，这意味着要在至少三个温度上且每个温度至少有三个变形速率，将变形程度一直变化到 $\varphi = 0.8$ 去测定流变曲线。这 9 条流变曲线中的每一条上有 20~50 个对数值 $k_f = f(\varphi)$ 供回归程序用。

尽管这种经常采用的方法确实基本考虑了材料中最重要的物理过程，但是在特定范围仍有较大误差出现。例如，用这种方法不能重现许多材料在大应变时流变应力典型的恒定不变的区域。

值得注意的是，在一定情况下精确测定的流变曲线会被流变曲线的数学描述所曲解（图 1.7）。因此应慎重选用流变曲线函数，而且有必要在使用之前进行误差分析[67]。

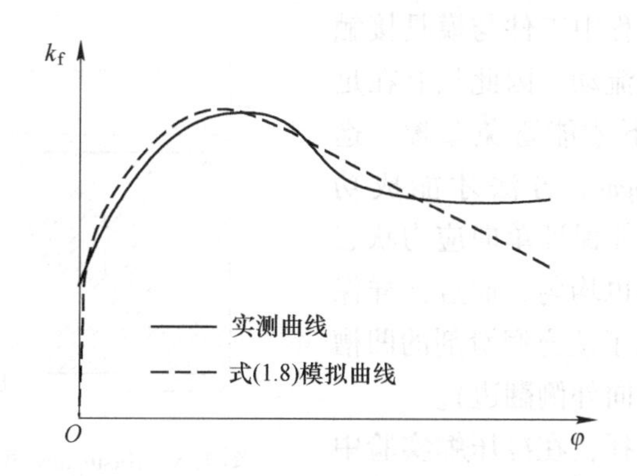

图 1.7　实测的流变曲线与数学描述的流变曲线

1.7.2.5　流变应力的测定方法

目前测定流变应力最重要的方法是压缩实验、拉伸实验和扭转实验。除此之外，还有其他针对特定塑性成型工艺过程或边界条件的专门实验，例如弯曲实验、管材扩张实验等。

采用不同方法测定的流变应力在一定情况下可能相差很大（最大可达30%甚至以上），其原因为：

（1）不是所有实验方法中的应力和应变状态都是均匀的；

（2）在不是单向应力状态的实验方法中，为了确定流变应力和变形程度要使用计算等效量的假设，这些假设的不可靠性已给测得的流变曲线带来影响；

（3）不同确定方法的应力状态有不同的静水应力部分，流变应力的定义没有考虑该情况，其原因是它并不区分单向拉伸和单向压缩；

（4）不能保证实验条件（ϑ，φ）在所有方法中都保持同样精度。

因此应当优先选择采用单向应力状态的方法，因为该种方法确实考虑到了流变应力的定义。

何种实验方法最佳应该视具体问题而定。例如根据金属塑性成型过程的应力和应变状态有以下适用的方法：

（1）对于轧制：圆柱体压缩实验（还可能用多层压缩实验和平面应变压缩实验）；

（2）对于拉拔：圆柱体压缩实验和拉伸实验；

（3）对于深冲：用平面拉伸试样进行拉伸实验；

（4）挤压：扭转实验（由于大应变）。

下面以无摩擦圆柱体压缩实验为例说明流变应力的测定方法并与有摩擦圆柱体压缩实验进行对比。

A 无摩擦的圆柱体压缩实验

由于在压缩过程中工件与模具接触面上出现径向相对流动，因此只有在足够好的润滑条件下才能避免摩擦。迄今，只有用 Rastegaev 方法才能成功（图1.8）。这样才能保证单向应力状态同时保证应变状态也均匀，而且试样保持圆柱体形状（除了填充润滑剂的凹槽边部在压缩过程中向外侧翻边）。

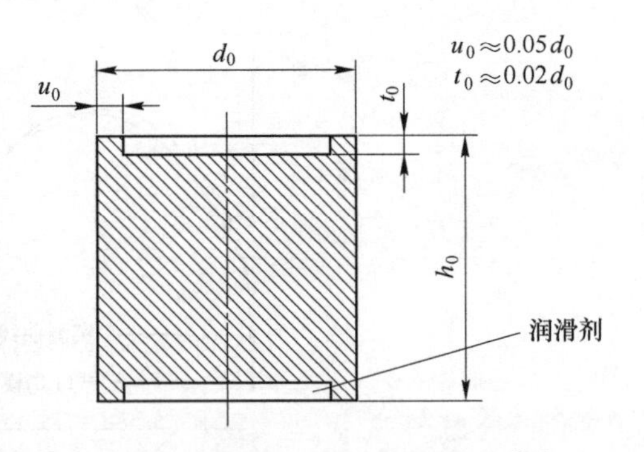

图 1.8 Rastegaev 型压缩试样尺寸[67]

对润滑剂的选择，在冷压缩实验中推荐使用石蜡；在热压缩实验中依据实验温度的不同有下列适用的润滑材料：

（1）特氟纶（聚四氟乙烯纤维），温度高达约300℃；

（2）糊状石墨基润滑材料，温度高达约400℃；

（3）糊状氮化硼基润滑材料，温度高达约800℃；

（4）玻璃基润滑剂，温度范围约800~1300℃。

当达到很高变形程度（$\varphi \approx 1.5$）时，润滑剂的凹槽边部能够确保有足够好的润滑效果，从而使得假定的无摩擦条件成立。

从压缩力 F 和相应的圆柱体试样高度减小量 Δh 的测量值可以得出：

$$k_f = \frac{F}{A} = \frac{F}{A_0}\frac{h}{h_0} = \frac{4F}{\pi d_0^2} \cdot \left(1 - \frac{\Delta h}{h_0}\right) \tag{1.9}$$

$$\varphi = |\varphi| = \ln\frac{h_0}{h} = \ln\left(\frac{1}{1 - \Delta h/h_0}\right) \tag{1.10}$$

$$\dot{\varphi} = \frac{|v_W|}{h} \tag{1.11}$$

采用上述 Rastegaev 方法因压缩试样体积内的均匀应变，因此还能够单值地确定组织状态与已发生的应变的关系。

但是，在确定热变形流变应力时，这种方法有时失去作用。其原因是在加热过程中薄的凹槽边部可能烧损（氧化），而且在高温状态时呈液态的润滑剂可能在实验前从下凹槽逸出。

B 有摩擦的圆柱体压缩实验

由于制备 Rastegaev 型压缩试样的工作量较大且压缩实验较困难，故采用两端为平面的圆柱试样的传统压缩实验仍未失去意义。其中，采用适用于特定温度的润滑剂并将其置于端面及压板上。尽管采用了润滑剂，但是摩擦仍很高以至于试样内部发生畸变以及试样出现鼓形。

当试样的细长比 $h/d < 0.5$ 时，由于摩擦将需要更大的变形力。当 $h/d > 0.5$ 时，无摩擦压缩的力-路径曲线与最大可能摩擦（黏着摩擦）压缩的力-路径曲线相差仅3%~5%，如图1.9所示。在圆柱体压缩实验中的这种现象与材料、变形温度和应变速率无关，而与摩擦引起鼓形对应力状态的影响有关。

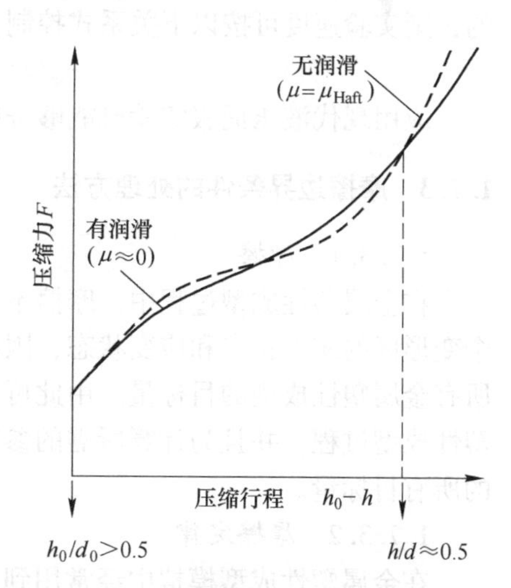

图1.9 无摩擦与有摩擦压缩的力-路径曲线

若对上述给出的3%~5%误差可以接受，则可用由无摩擦圆柱体压缩实验推导出的方程式来处理有摩擦圆柱体压缩实验的流变曲线。进行这样的实验要注意：与流变曲线所要求的变形程度相对应，试样的初始细长比 h_0/d_0 应当足够大。但若

$h_0/d_0 \approx 2$ 或更大，则会出现试样塑性失稳的危险。由于应变的不均匀性，因此在有摩擦的压缩实验中不可能确定组织与应变的单值对应关系。

对于试样细长比较小（$h/d < 0.5$）情况，变形抗力可用 Siebel 建议的公式估算：

$$k_w = k_f \cdot \left(1 + \frac{1}{3}\mu \frac{d}{h}\right) \tag{1.12}$$

相反，对于试样细长比较大（$h/d > 0.5$）试样，近似公式 $k_w = k_f$ 能够得到较精确的结果。如果试样材料为薄板或薄带形状，则圆柱压缩实验可用所谓多层压缩实验进行。如果圆柱体试样的细长比为 $h/d = 1 \sim 1.5$，则实验由一定数目且叠放在一起的金属圆片组成。另一种所谓多层环件压缩实验或空心多层压缩实验是将试样中心钻孔并由一芯棒叠套在工具中。

如同拉伸实验一样，即使以恒定的实验速度 v_W 进行，在压缩变形过程变形速率 $\dot{\varphi}$ 也是变化的，这是因为试样长度在减小。

在拉伸实验中比值 $\dot{\varphi} = v_W/l$ 随长度 l 增加而减小；在压缩过程比值 $\dot{\varphi} = v_W/h$ 则随高度 h 减小而增加，并且经过变形时间 $t = h_0/v_W$ 后达到 $h=0$ 时，该比值在理论上趋向无穷大（图 1.10）。

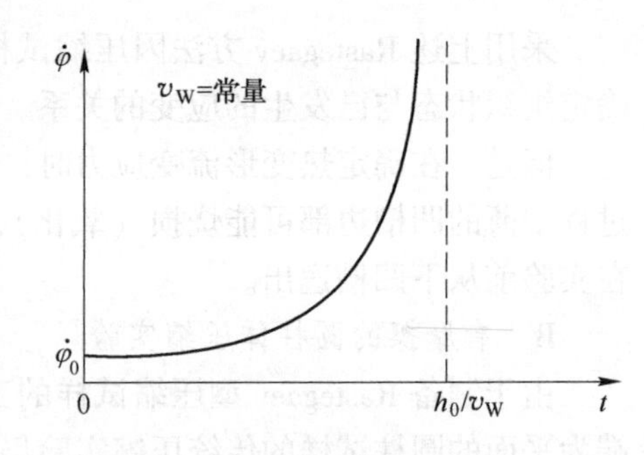

图 1.10 压缩实验中比值 $\dot{\varphi} = v_W/h$ 随时间的变化

如果压缩实验是以恒定变形速率进行的，则实验速度可按以下关系式控制：

$$v_W(t) = h_0 \left|\dot{\varphi}\right| e^{-|\dot{\varphi}| t} \tag{1.13}$$

应用现代液压伺服实验机能够按照关系式（1.13）预设定一个要求值。

1.7.3 摩擦边界条件的处理方法

1.7.3.1 摩擦

在金属塑性成型过程中，摩擦不仅影响接触区域中发生的情况，而且影响整个变形区的应力状态和应变状态，因此也影响所需的变形力和变形功，从而影响所有金属塑性成型的目标量。由此可见，所建立的摩擦模型越能很好地描述实际塑性成型过程，并且为计算所需的参数越准确，则越能准确地计算金属塑性成型的所有目标量。

1.7.3.2 摩擦定律

在金属塑性成型模拟中经常用到两个简单的摩擦定律，以下简要介绍。

A 库仑摩擦定律

按照库仑摩擦定律，摩擦力与正应力呈线性比例关系：

$$|F_R| = \mu |F_N| \tag{1.14}$$

式 (1.14) 的比例因子是摩擦系数 μ。

由于摩擦力的作用面与正应力的作用面相同，因此有以下关系式：

$$|\tau_R| = \mu |\sigma_N| \tag{1.15}$$

图 1.11 说明了当摩擦系数 μ 取两个不同值时摩擦剪应力与正应力之间的线性比例关系。

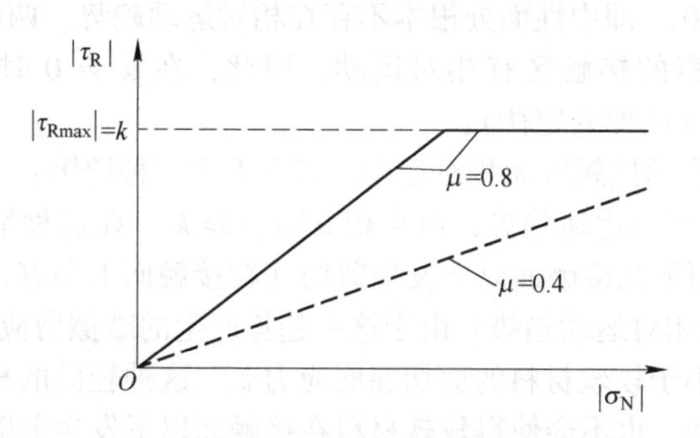

图 1.11 摩擦剪应力与正应力的线性关系

如果两个接触体（工件和工具）的接触面之间存在相对运动并且假定其摩擦系数恒定，则摩擦剪应力首先是与正应力呈线性比例关系。但是如果摩擦剪应力达到了较软物体（工件）的剪切屈服应力 k，则软物体将对接触面下的剪切作出反应，并且两个物体将在接触面上黏着在一起。即使正应力增大，摩擦剪应力也将保持为 $|\tau_{Rmax}| = k$。当然在加工硬化材料中，k 是应变量的函数，在这种情况下，库仑摩擦定律就不适用了[67]。

最大可能摩擦系数 $\mu_{max} = k/|\sigma_N|$ 的概念是塑性成型过程摩擦系数可能达到的最大值，这时摩擦剪应力达到值 $|\tau_{Rmax}| = k$ 并且两个接触体之间出现黏着状态。如果将 $|\sigma_N|$ 取为流变应力 k_f，则得到 $\mu_{max} = k/k_f = 0.5$（按 Tresca）或者 $\mu_{max} = 0.577$（按 von Mises）。在此说黏着刚开始的边界摩擦系数 $\mu_{boundary}$ 更有意义。

但是关于接触区的正应力取值至少为流变应力的假设是不正确的。在拉拔、无芯棒管材轧制或者当压紧力较小的深冲时，正应力只是流变应力的一部分，以至于即使没有出现黏着摩擦系数也可能超过 0.5 (0.577)。例如 $|\sigma_N| = 0.3k_f$，则

$$\mu_{boundary} = \frac{k}{|\sigma_N|} = \frac{k}{0.3k_f} = 1.67(\text{按 Tresca}) \tag{1.16}$$

$\mu_{boundary} = 1.67$ 意味着在接触区发生黏着之前摩擦系数可能高达 1.67。

在静水压力较高的塑性成型方法（挤压）中，正应力可能会显著地高于流变应力。这时得出的边界摩擦系数可能会明显小于 0.5 (0.577)。例如 $|\sigma_n| = 3k_f$，则

$$\mu_{\text{boundary}} = \frac{k}{|\sigma_{\text{N}}|} = \frac{k}{3k_{\text{f}}} = 0.17(\text{按 Tresca}) \tag{1.17}$$

因此不可能将边界摩擦系数取为一个固定数值。在各种情形下摩擦系数究竟有多大要取决于接触条件（表面粗糙度、润滑剂、压力等）。在塑性成型过程中常常难以建立接触面的运动状态（滑动、黏着）和作用于此的摩擦剪应力之间的单值因果关系。一方面，如果有 $\mu|\sigma_{\text{N}}| = |\tau_{\text{Rmax}}| = k$ 则会发生黏着；另一方面，在中性面上 $v_{\text{rel}} = 0$，即中性面处根本不存在相对运动趋势。两种情况区别如下：

（1）在所观察的接触区有相对运动，因此，在 $\mu \neq 0$ 时也有摩擦剪应力 $|\tau_{\text{R}}| = \mu|\sigma_{\text{N}}| < k$（按库仑定律）；

（2）在所观察的接触区无相对运动。其有下列三种原因：

1）有强烈的相对运动趋势，但乘积 $\mu|\sigma_{\text{N}}| \geqslant k$。在这种情形下，较软的材料在 $|\tau_{\text{R}}| = k$ 作用下在接触面以下发生剪切（在接触面上黏着）。

2）有轻微的相对运动趋势。由于这一趋势产生的摩擦剪应力 $|\tau_{\text{R}}|$ 小于乘积 $\mu|\sigma_{\text{N}}|$，同时也小于较软材料的剪切屈服应力 k，这种轻微的相对运动趋势既不足以产生相对运动，也不会使得较软材料在接触面以下发生剪断。但是由于剪应力存在，较软材料会发生剪应变。

3）在所观察的接触区没有相对运动趋势，因此也就没有摩擦剪应力存在，尽管 $\mu \neq 0$、$\sigma_{\text{N}} \neq 0$（例如在中性面上）。

对于工程师来说，常常无法估计所研究的问题究竟是（2）中列出的哪一种情况，即使是（1）的情况也不总是能够可靠地预知。在这样的情形下，有时采用所谓的摩擦因子模型计算摩擦剪应力。

B 摩擦因子模型

摩擦因子模型特别针对大数值 $|\sigma_{\text{N}}|/k$（其与大摩擦系数相关联）、摩擦偶相互黏着在一起，$|\tau_{\text{Rmax}}| = k$ 是摩擦剪应力的边界。摩擦因子模型为：

$$|\tau_{\text{R}}| = mk \tag{1.18}$$

式中，m 为摩擦因子。

$m = 1$ 则满足黏着条件，而 $m = 0$ 则代表无摩擦状态。对于摩擦因子 $0 < m < 1$，摩擦因子模型只是一个近似公式，因为客观上没有估算 m 数值的方法。如果在所研究的面积区域内摩擦因子 m 是不变的，则得出的摩擦剪应力显然就只依赖于流变应力（$k = k_{\text{f}}/2$），而不依赖于想象的正压力。在以数值计算方法确定摩擦因子 m 时，可变换摩擦因子直至相关目标量（例如变形力或者变形体的几何形状）的模拟值与实测值相一致为止。

如果模型正确地描述了过程的物理关系，则各个依赖于摩擦的目标量的实测值与模拟值应在摩擦因子 m 的取值相同时达到一致。但是摩擦因子模型却不是这样的情况，这就清楚地表明摩擦现象只能粗略地描述，这个论述基本上也同样适用于摩擦系数 μ，尽管其对目标量的影响有较小的差别，这是因为库仑摩擦定律能够更好地描述物理现实。

在摩擦系数μ与摩擦因子m之间也不存在确定的关系。其原因之一是m被看作不依赖于σ_N（图1.12）。

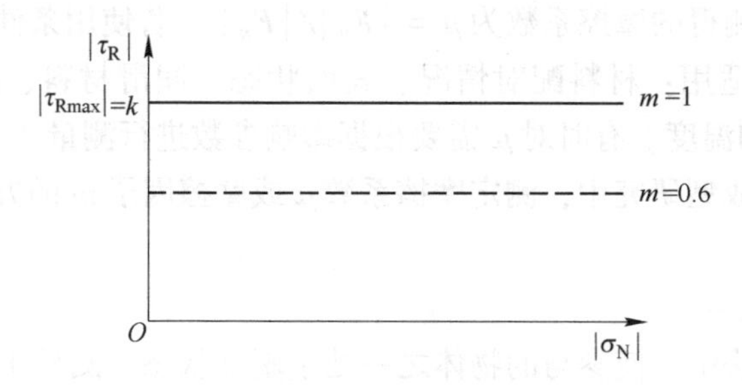

图1.12 摩擦因子m被看作不依赖于σ_N

上述讨论的两个摩擦模型都只能被看作是在摩擦区中复杂的物理和化学变化过程的粗略模型。表1.7给出了若干冷塑性成型和热塑性成型方法中摩擦系数μ的参考值。对于更高精度的计算，建议按照材料配对、温度以及所用的润滑剂校正摩擦系数的确定方法。

表1.7 若干冷塑性成型和热塑性成型中摩擦系数μ的参考值[67]

<table>
<tr><th rowspan="2">塑性成型方法</th><th rowspan="2">应变量</th><th colspan="5">材料</th></tr>
<tr><th>钢</th><th>镍基不锈钢</th><th>钛/钛合金</th><th>铜/铜合金</th><th>铝/铝合金</th></tr>
<tr><td>冷轧</td><td>—</td><td>0.03~0.07</td><td>0.07~0.1</td><td>0.1</td><td>0.03~0.07</td><td>0.03</td></tr>
<tr><td rowspan="2">冷冲压</td><td>低</td><td>0.1</td><td>0.1</td><td rowspan="2">0.05</td><td>0.1</td><td rowspan="2">0.05</td></tr>
<tr><td>高</td><td>0.05</td><td>0.05</td><td>0.05</td></tr>
<tr><td rowspan="2">冷锻</td><td>低</td><td>0.1</td><td>0.1</td><td rowspan="2">0.05</td><td rowspan="2">0.05</td><td rowspan="2">0.05</td></tr>
<tr><td>高</td><td>0.05</td><td>0.05~0.1</td></tr>
<tr><td rowspan="2">线材拉拔</td><td>低</td><td>0.1</td><td>0.1</td><td rowspan="2">0.05</td><td>0.1</td><td>0.03</td></tr>
<tr><td>高</td><td>0.05</td><td>0.05</td><td>0.05~0.1</td><td>0.05~0.1</td></tr>
<tr><td>棒材拉拔</td><td>—</td><td>0.1</td><td>0.1</td><td>0.05</td><td>0.05~0.1</td><td>0.05~0.1</td></tr>
<tr><td>管材拉拔</td><td>—</td><td>0.05~0.1</td><td>0.05</td><td>0.05</td><td>0.05~0.1</td><td>0.05~0.1</td></tr>
<tr><td rowspan="2">深冲</td><td>低</td><td>0.05</td><td rowspan="2">0.1</td><td rowspan="2">0.07</td><td>0.1</td><td rowspan="2">0.05</td></tr>
<tr><td>高</td><td>0.05~0.1</td><td>0.05~0.07</td></tr>
<tr><td>拉伸</td><td>—</td><td>0.05~0.1</td><td>0.05</td><td>0.05~0.1</td><td>0.1</td><td>0.05</td></tr>
<tr><td>热轧</td><td>—</td><td>0.2</td><td>0.2</td><td>0.2</td><td>0.2</td><td>0.2</td></tr>
<tr><td>挤压</td><td>—</td><td>0.02~0.2</td><td>0.02</td><td>0.02</td><td>0.02~0.2</td><td>0.02~0.2</td></tr>
<tr><td>热锻</td><td>—</td><td>0.2</td><td>0.2</td><td>0.05~0.1</td><td>0.1~0.2</td><td>0.1~0.2</td></tr>
</table>

1.7.3.3 摩擦系数和摩擦因子的测定方法

为了确定受弹性载荷作用的物体之间的摩擦系数，可使用测量正应力和摩擦力的方法。这样测得的摩擦系数为$\mu = |F_R|/|F_N|$。若使用条件与以下测试实验条件相似，则可适用：材料配对情况、表面状态、润滑材料、正应力（或正压力）、相对速度和温度。有时对μ需要根据影响参数进行测量。

在金属塑性成型研究中，测定摩擦系数μ或摩擦因子m的方法基本上有以下3种。

A 测定方法一

在该实验方法中，使参与的物体之一处于塑性状态，测量正应力和摩擦力并用库仑摩擦定律计算摩擦系数。在实验中工具和工件之间接触区的条件必须保持不变，这些条件是：工具和工件的材料及表面状态；润滑材料；温度；相对速度(经常不可能做到)。

在这组方法中最为重要的方法是用各种变换方案的窄带拉拔实验，棒材拉拔实验和楔形件拉拔实验（见图 1.13 和图 1.14）。

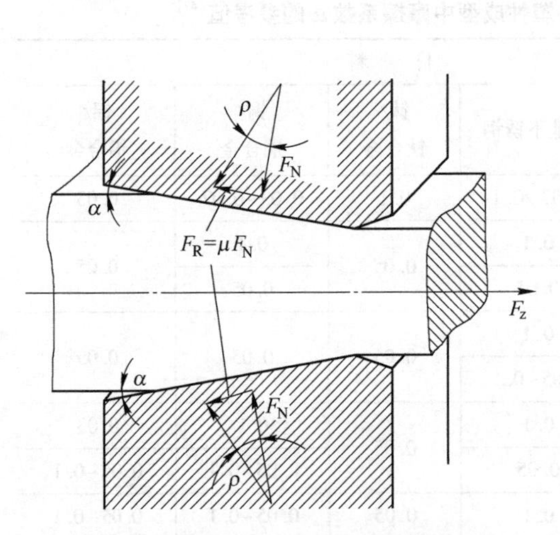

图 1.13 按 Pawelski 的棒材拉拔实验

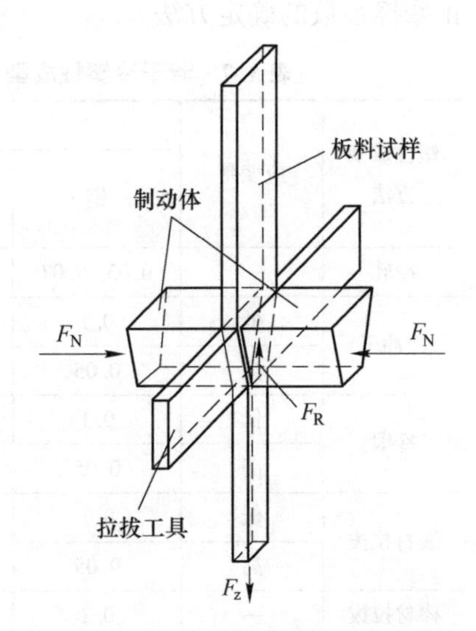

图 1.14 按 Reihle 的楔形件拉拔实验

B 测定方法二

在该实验方法中，测量摩擦对变形力或者一个几何量的影响，并将实测值与根据相应的摩擦定律进行计算的结果加以比较。这组方法中最有名的是圆环压缩实验，其中一个空心圆柱试样在水平压缩平板之间轴向压缩变形。根据某个求解方法（在这种情形下采用上界法）和某个摩擦定律，计算对摩擦力反应灵敏的量（在此情形下可以是内直径）的变化，然后用图形表示其对于摩擦系数（摩擦因子）的依赖程度。

对于摩擦系数（摩擦因子）未知的圆环压缩实验，能够通过测量内直径用图表确定摩擦系数（摩擦因子），如图 1.15 和图 1.16 所示[67]。

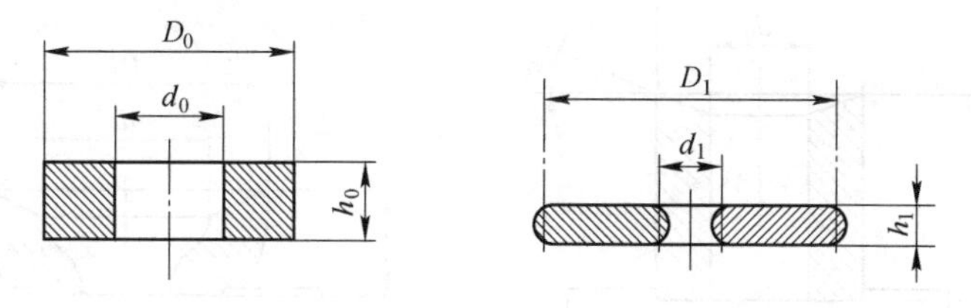

图 1.15 圆环压缩实验中的几何示意图

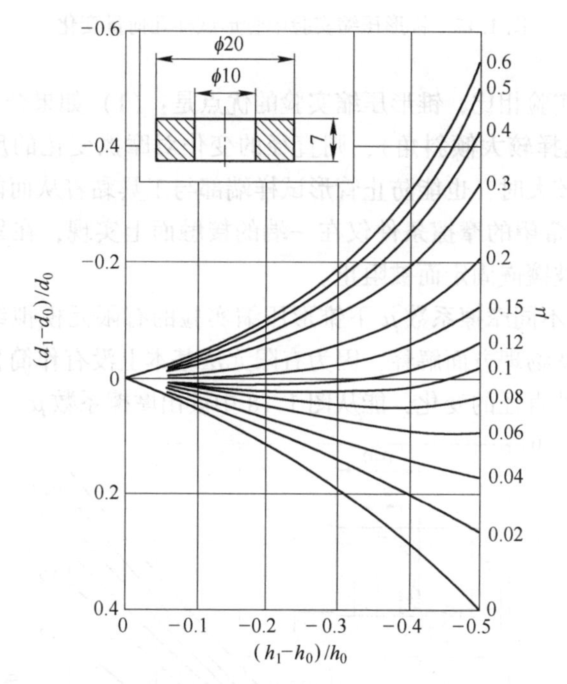

图 1.16 在圆环压缩实验中确定摩擦系数的曲线图（按 Burgdorf）

用该方法确定的摩擦系数不能纯粹从物理方面进行解释，其原因是所选择的求解方法有时进行了必要简化。因此，若将该方法确定的摩擦系数用于具有另外的局部相对速度和应力状态（需用另外的求解方法）的其他塑性成型过程则并非没有问题。在块体热塑性成型过程中，应考虑相对较大的摩擦系数。

另外的困难是大摩擦区域圆环试样的内直径与摩擦很少相关。最后圆环的端面与工具完全黏着，则不可能确定其摩擦系数［原因是 $|\tau_R| = k \neq f(\mu)$］。

圆环压缩实验进一步发展产生了利用管形试样（图 1.17）进行的锥形压缩

实验。其中在锥形压缩板上，试样内、外直径的变化均依赖于接触区的摩擦条件。

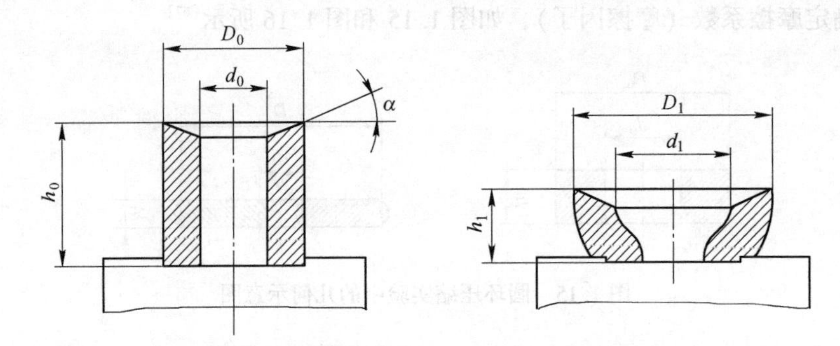

图 1.17 锥形压缩实验中管形试样几何量变化

与圆环压缩实验相比，锥形压缩实验的优点是：(1) 如果合理选择倾斜角 α (在较大摩擦时选择较大倾斜角)，则直径的变化对摩擦变化的反应更灵敏。这样即使当摩擦力较大时，也能防止管形试样端部与工具黏着从而能够进行摩擦系数的测定；(2) 希望的摩擦条件仅在一端的接触面上实现，在另外一端接触面上的直径变化因被镶嵌固定而被阻止。

图 1.18 是在不同摩擦系数 μ 下锥形压缩实验的有限元模拟结果。这些结果在这种情况下可从物理方面解释，因为有限元法基本上没有作简化假设。用一个在实验中测得的外直径的变化，能从图 1.18 中读出摩擦系数 μ。

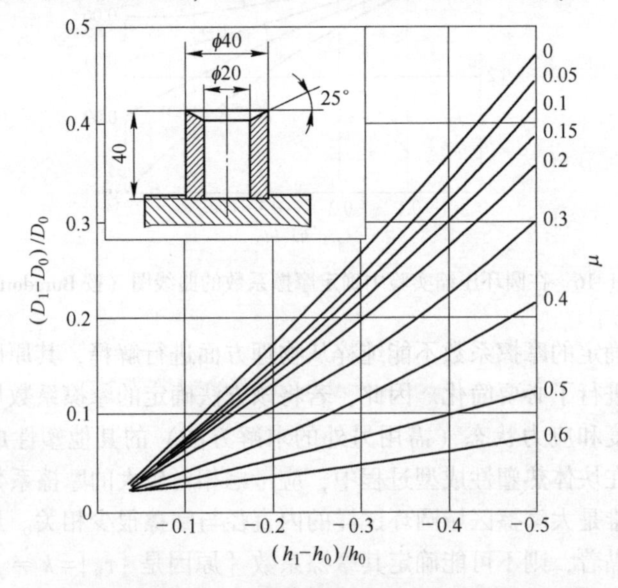

图 1.18 管形试样进行圆锥压缩实验时确定摩擦系数的曲线图（按 Philipp）[67]

用该方法测定的摩擦系数（摩擦因子）既不是局部变量也不是瞬时变量，它们既是直到当时的 ε_h 的整个压缩过程的平均值，也是整个接触区内的平均值。

C 测定方法三

在该实验方法中，需要测定摩擦系数 μ 的塑性成型过程也可通过测定其目标量（例如线材拉拔中的拉拔力）而直接考虑。例如，拉拔力计算公式为：

$$F_1 = A_1 k_{fm} \varphi_1 \cdot \left(1 + \frac{\mu}{\alpha} + \frac{2}{3}\frac{\alpha}{\varphi_1}\right) \tag{1.19}$$

摩擦系数 μ 计算公式为：

$$\mu = \left[\frac{F_1}{A_1 k_{fm} \varphi_1} - \left(1 + \frac{2}{3}\frac{\alpha}{\varphi_1}\right)\right]\alpha \tag{1.20}$$

式中，A_1 为拉拔线材的横截面积；k_{fm} 为平均流变应力；φ_1 为纵向变形程度；α 为拉拔孔倾角。

经过一系列实验可以确定摩擦系数 μ 与其他拉拔参数（k_{fm}、φ_1、α 和润滑剂）的关系并用相应的曲线图表示，然后将其应用于特定的情形。

用该方法确定的摩擦系数不可以应用于其他塑性成型方法。该摩擦系数是与计算目标量的公式相联系的，在用于其他公式（例如拉拔力公式）时则可能导致错误结果。

在此，所谓的“摩擦系数” μ 必须被视为这样一个系数，即尽管其包含了摩擦的影响，但也附带地承接了所用公式的缺点。

如果采用 FEM 等数值计算方法去比较有关目标量的计算值和实测值，则需在多次模拟中不断变化摩擦系数，直到模拟值和实测结果充分吻合为止。

所有这些方法只能测定总体摩擦系数（摩擦因子）。另外，在选用不同的目标量（力、几何尺寸等）时，通常摩擦系数（摩擦因子）也会得出不同的数值，特别在采用初等解析法公式时，其中的摩擦量不能从纯粹的物理方面进行解释。

1.7.4 传热边界条件的建立方法

1.7.4.1 热传递

由于所有金属塑性成型的变量都受温度影响，因此在计算塑性成型目标量时考虑热效应是很重要的。

等温塑性成型过程是极少见的。即使在工件中初始温度均匀分布，在塑性成型过程中也会形成温度梯度，其原因既包括摩擦及不均匀变形热源，也包括工件表面与环境之间的热交换。

热传递现象发生于所有的金属塑性成型过程中。在块体热塑性成型中，热传递很重要。与此相反，在板料成型数值模拟中通常忽略热传递。

在所有塑性成型过程中，导热、辐射和对流都是同时发生的。开始计算可能会是非常复杂的问题之前，应当估计一下这三种机理中究竟哪一种起主要作用。这需要在该领域中具备许多经验，应当考虑的基本方面有：（1）导热是基本的；（2）特别在高温时的热辐射；（3）低温时的对流[66,67]。

1.7.4.2　热传递定律

对于各个独立的热传递机理，已知的定律如下。

A　热传导定律

傅里叶方程为：

$$\rho c_p \frac{\partial \vartheta}{\partial t} = \frac{\partial}{\partial x}\left(\lambda \frac{\partial \vartheta}{\partial x}\right) + \frac{\partial}{\partial y}\left(\lambda \frac{\partial \vartheta}{\partial y}\right) + \frac{\partial}{\partial z}\left(\lambda \frac{\partial \vartheta}{\partial z}\right) + \dot{\Phi} \tag{1.21}$$

式中，ρ 为密度；c_p 为质量定压热容；ϑ 为温度；t 为时间；x、y、z 为位置坐标；λ 为热导率；$\dot{\Phi}$ 为热源（例如变形热）。

B　对流定律

牛顿冷却定律为：

$$\dot{Q} = \alpha A_1 \cdot (\vartheta_1 - \vartheta_2) \tag{1.22}$$

式中，$\dot{Q}$ 为热流；α 为传热系数；A_1 为对流面积；ϑ_1 为表面温度；ϑ_2 为周围介质的温度。

C　辐射定律

斯特藩-玻耳兹曼定律为：

$$\dot{Q}_{12} = C_{12} A_1 \cdot (T_1^4 - T_2^4) \tag{1.23}$$

式中，$\dot{Q}_{12}$ 为辐射热流；C_{12} 为辐射系数；A_1 为辐射表面积；T_1、T_2 为进行辐射换热的两个物体的表面温度，K。

D　统一的热传递公式

由于在计算金属塑性成型问题的热效应时主要采用有限元法（FEM）或有限差分法（FDM），因此考虑到为此开发程序使用一个基于牛顿冷却定律的关于热传导和传热现象的统一描述。这样，热流密度 $\dot{q}$（单位 $\frac{J}{m^2 s} = \frac{W}{m^2}$）就与工件表面温度 ϑ_{su} 和环境温度 ϑ_{en} 的差值成正比：

$$\dot{q} = \alpha \cdot (\vartheta_{su} - \vartheta_{en}) \tag{1.24}$$

在工件与工具发生传热时，式（1.24）中的各变量的含义分别为：α 为传热系数或有中间层（氧化皮、润滑剂、夹附气体）存在时的热传导系数；ϑ_{su} 为工件表面温度；ϑ_{en} 为工具表面温度。

将极其复杂的热传导过程简化为很简单的公式（1.24）会导致这样一种情况，即这里的 α 不仅取决于两个或三个接触体的材料性质，另外还取决于它们的表面粗糙度、接触压力、中间层厚度、温度和接触时间。严格地说，对于每种情况均须采用合适的实验确定 α，但这可能也满足不了高精度的要求。

在对流情况下，式（1.24）中各符号的含义为：α 为传热系数；ϑ_{su} 为工件的表面温度；ϑ_{en} 为周围介质（空气、水）的温度（该值通常看作常量）。

在自然对流中，α 主要取决于温度差；在强制对流中，α 主要取决于流速。

对于辐射情况，式（1.24）中的传热系数是通过将斯特藩-玻耳兹曼定律式（1.23）与式（1.24）相等而得到：

$$\dot{q} = \alpha \cdot (T_{su} - T_{en}) = C_{12} \cdot (T_{su}^4 - T_{en}^4) \tag{1.25}$$

式中，T_{su}、T_{en} 为辐射交换体 1（表面）和物体 2（环境）的温度，K；$C_{12} = \dfrac{C_s}{\dfrac{1}{\varepsilon_1} + \dfrac{A_1}{A_2}\left(\dfrac{1}{\varepsilon_2} - 1\right)}$ 为辐射系数以及 $C_{12} = \varepsilon_1 C_s = \varepsilon C_s$，当 $A_2 \gg A_1$（小辐射体 1 在大环境 2 里）时；A_1、A_2 为物体 1 和物体 2 的表面积；C_s 为玻耳兹曼常数 [$C_s = 5.67 \times 10^{-8}$ W/(m^2 · K^4)]；ε_1、ε_2、ε 为发射率（对于相同温度的黑体辐射器强度的减弱系数）。

从式（1.25）得到：

$$\alpha = C_{12} \frac{T_{su}^4 - T_{en}^4}{T_{su} - T_{en}}$$

对于 $A_2 \gg A_1$ 有：

$$\alpha = \varepsilon C_s \frac{T_{su}^4 - T_{en}^4}{T_{su} - T_{en}}$$

统一的热传递公式（1.24）有一个特别的优点：其使各个热传递现象可比。

发射率 ε 和传热系数 α 的确定方法是：在有限元模拟中，在几何形状非常简单的物体（例如一个圆柱体）的若干确定位置计算冷却曲线，在计算中不断变换目标量（ε，α）直到计算的曲线与实测曲线非常吻合为止。

表 1.8 给出了传热系数 α 的取值范围。表 1.9 给出了密度 ρ、质量定压热容 c_p 和热导率 λ 的参考取值[67]。

表 1.8 传热系数 α 的取值范围 [W/(m^2 · K)]

自然对流	约 10	
强制对流（空气）	20~100	
强制对流（水）	约 5000	
辐射（钢对环境）	在 1000℃	约 150
	在 500℃	约 40
	在 100℃	约 10

续表 1.8

接触	金属-金属（在极有利条件下）	200~20000 到 100000
	钢-钢	2000~8000

表 1.9　密度 ρ、质量定压热容 c_p 和热导率 λ 的参考取值

材料（温度）		密度 ρ /kg · dm^{-3}	质量定压热容 c_p /J · (kg · K)$^{-1}$	热导率 λ /W · (m · K)$^{-1}$
低合金钢	20℃	7.84	460	39
	900℃	7.57	600	27
	1300℃	7.38	715	32
Al-Si-合金	20℃	2.7	900	240
	300℃	2.6	1000	230
	400℃	2.6	1100	230
Cu-合金	20℃	8.9	360	25~400（取决于合金）
	700℃	8.6	490	60~360（取决于合金）
	1000℃	8.4	490	70~340（取决于合金）

1.7.4.3　变形热与摩擦热的确定方法

A　变形热

变形热是变形能转变的热量。与弹性应变功相反，塑性应变功在卸载后会保留在工件中。塑性应变功的大部分（85%~95%）会转变为热能（变形热）。这使得工件的温度在塑性成型过程中升高，并且塑性应变也同时发生（在一定情况下，时间很短暂）。假如前提条件是能量100%转换并且是绝热关系，则由变形热引起的温升可按方程 $W_U = W_Q$ 计算，即：

$$W_U = Vk_{fm}|\varphi|_{max} = mc_p\Delta\vartheta = W_Q = V\rho c_p\Delta\vartheta$$

式中，m 为质量；ρ 为密度；c_p 为质量定压热容。则温升为：

$$\Delta\vartheta = \frac{k_{fm}|\varphi|_{max}}{\rho c_p} \tag{1.26}$$

温升取决于变形速率，正如平均流变应力受应变速率 $\dot{\varphi}$ 影响一样，这在热塑性成型过程中尤其如此。

在金属塑性成型过程中，由于向工具和环境导出的热量会使工件的温升减小（在多变关系中）。应变速率愈小，则导出的这部分热量愈大（冷却时间更长），以至于由公式（1.26）给出的温升只是部分成立或根本不成立（等温过程）。在热塑性成型过程中工件温度甚至会更低。塑性成型过程是以绝热、多变还是等温方式发生，除了取决于变形速率外，还取决于热传导条件和变形区的表面积与体积之比。大多数情况下，如果 $\dot{\varphi} > 1s^{-1}$，则可认为塑性成型过程是绝热过程。

表1.10列举了若干基体金属及其合金的材料数据和温升，其结果是在绝热的塑性成型并且变形程度为 $\varphi = 1$（这相当于将压缩试样压缩到其原始高度的1/3）的冷塑性成型过程中得到的，其中既没考虑与工具接触面的摩擦热，也没考虑传到工具上的热量。

表1.10 若干金属及合金的材料数据和温升

基体金属及其合金	ρ/kg·dm^{-3}	c_p/J·(kg·K)$^{-1}$	k_{fm}/N·mm^{-2}	φ	$\Delta\vartheta$/℃
钢	约7.8	约500	400~1200	1	100~300
Al-合金	约2.7	约1000	100~300	1	35~100
Cu-合金	约8.7	约400	200~400	1	50~100
Ti-合金	约4.5	约600	750~1500	1	250~500

B 摩擦热

除了变形热以外，当接触面以相对速度 v_{rel} 滑动时，必要时还要考虑将摩擦功作为在工具与工件接触区的另外热源。

摩擦热引起的热流密度为：

$$\dot{q}_R = |\tau_R| v_{rel} \tag{1.27}$$

必要时对流入工件和工具的热流密度 $\dot{q}_R$ 的份额进行假设。通常无法得到该问题的信息，因此这里采用等分处理是一种可以接受的方法[66,67]。

1.8 轧制过程有限元模拟仿真的应用现状

轧制技术的发展以及用户越来越高的产品质量要求使得人们需要更好地了解和控制轧制生产的整个过程和轧钢系统的行为，因而掌握生产中轧件的变形过程及组织变化过程就成为实现这一目标所遇到的首要问题。然而，轧钢生产过程是一个多种因素相互影响、相互作用的复杂过程，要对这一过程进行在线生产实验和研究，无论是从经济原因考虑，还是从技术角度出发都会受到很大限制，甚至是不可能的。这样就必须考虑用计算机有限元模拟的方法来研究轧制变形过程。轧制加工的理论解析方法从初等解析法开始至今已有90多年的历史，二维弹塑性和刚塑性有限元的应用至今也有50年。从20世纪90年代以来，有关板材，棒/线材和型材等三维有限元模拟仿真的研究非常活跃，下面对此加以讨论。

(1) 板带轧过程计算机模拟。板带轧制过程的数值解析从 von Karman 和 Orowan 提出求解轧制力的数学模型时就已经开始了，经过90多年的发展，特别是近40年来有限元法的引入以及计算机技术的发展，从各种角度对板材轧制过程进行解析的计算模拟技术已进入实用化阶段。用有限元法解析轧制过程的主要任务包括：1）预测轧后钢板的形状、缺陷及相关轧制条件对板带轧制工艺和板形的影响[68~71]；2）以板形控制功能高级化为目标，开发各种轧机及轧辊功能[72~74]；3）轧后钢板的组织及力学性能预测[75~77]。

（2）棒、线、型材轧制过程计算机模拟。在棒、线、型材轧制过程中，主要侧重于轧件三维变形状况的解析，通过模拟轧件变形过程中的塑性流动情况，以确定轧制压力分布、产品形状和尺寸等。这一轧制过程的模拟一般采用三维刚塑性有限元法或三维弹塑性有限元法。

棒、线、型材轧制变形的模拟比板材轧制过程模拟更为困难，除了复杂的几何形状外，轧件与轧辊表面接触和脱离的判定、轧件的不均匀变形等都是很棘手的问题。目前，棒、线、型材轧制时所要求的模拟精度，特别是产品尺寸的预测精度要比板材轧制模拟大约低一个数量级。尽管如此，近年来，棒、线、型材轧制过程的三维有限元模拟仍取得了很大进展，轧件形状的模拟从比较简单的断面形状向角钢和型钢等复杂断面形状发展[78~83]。刚塑性有限元计算机模拟和弹塑性有限元模拟正在进入孔型设计和轧制规程设计领域，作为当前轧制规程的评价和诊断手段。

（3）管材轧制过程计算机模拟。在轧制领域中，有关钢管轧制过程三维模拟的研究较晚，所做的实例也相对较少。这主要是由下列因素造成的：1）轧件与轧辊及芯棒的空间几何关系复杂，三维变形解析所需的单元数必然增加；2）轧辊与轧件接触判定复杂；3）难于精确描述轧件在辊缝中的变形流线等。目前的研究也仅限于几何关系比较简单的芯棒轧制（连轧）和减径轧制，穿孔过程模拟也已取得一定进展[84,85]。

（4）组织模拟与性能预报。自20世纪70年代Sellars等人提出对轧制及其后冷却过程轧件组织演变和性能变化进行数值模拟的概念以来[86]，到目前为止轧制过程组织变化的有限元模拟大多侧重于变形相对较为简单的板带轧制过程、圆柱的镦粗过程等二维和对型钢成型进行简化处理后的三维模拟。即使偶见型钢变形的组织模拟，研究者也大多是进行单道次轧制模拟。变形复杂的型钢轧制特别是合金钢多机架连轧过程的全三维热力耦合模拟仿真涉及相对较少，研究者也大多是从商业软件包的现成材料库中按相近的化学成分直接提取钢种或自测材料数据，相比之下方法还不成熟，主要原因是难以准确建立有关型钢连轧组织演变的模拟仿真数据库、模型库以及相关边界条件和初始条件，加之巨大的计算量和漫长的计算时间等。

材料成型组织模拟属于微观模拟，由于有限元是目前唯一能对塑性加工过程给出全面且精确数值解的分析方法，因此当前主要是借助有限元研究材料微观塑性变形的机制，寻找塑性加工过程中组织演变与性能变化的规律并优化工艺方案和参数[94]。组织模拟与性能预报的基本前提是准确计算应力场、应变场、变形场、温度场和应变速率分布等，结合大量材料物理模拟和实验研究，建立能准确描述成型过程中材料微观组织演变和宏观性能变化的数学模型。

材料加工过程特别是热轧过程是高度非线性的热力耦合过程，需要反复交替迭代变形场与温度场的有限元控制方程并耦合根据物理模拟和实验研究回归得到的相关数学模型，才能对热加工过程材料微观组织的演变和性能变化进行求解。

轧制过程组织模拟的研究方法大多是依据金属变形热力学条件，分析变形过程的再结晶（包括动态、静态再结晶等）规律，建立能准确描述晶粒度、晶粒尺寸等与变形热力学条件和材料使用性能相关的数学模型并耦合到有限元模拟程序中，采用热力耦合分析方法以预测材料的最终性能。

例如 M. A. Wells 等借助有限元软件 DEFORM 计算 AA5182 和 AA5052 连轧变形区的应力、应变、温度、应变速率等的二维分布规律[87]，此外又用在物理模拟基础上建立的组织和织构演变经验模型研究机架间轧件发生动态再结晶的情况，并将轧件温度和残余应变的分布等输入 DEFORM 以求解下一机架轧件热力耦合问题，所得结果（包括在结晶完成后晶粒尺寸及有些织构组分的相对体积分数等）与实验大致吻合，但终轧机架轧制负荷比实际高出许多。对于该结果 M. A. Wells 认为可能由于选择的本构方程和摩擦因子不当所致。影响最终结果准确性的因素除了力学边界条件外，还有传热边界条件及热交换系数等，特别是热交换系数，变化范围太大，目前大多数问题都按经验取值，误差较大。R. Kopp 等将建立的金属热变形过程动态组织变化、静态组织变化和晶粒长大等数学模型与大型通用弹塑性有限元软件包 Finel 连接，建立了金属塑性变形组织模拟系统[88]。H. Dyja，P. Korczak 等采用基于刚塑性有限元程序 ELROLL 对钢板多道次可逆热轧过程出现的再结晶、晶粒形核与长大过程进行了有效分析[89]。

在数值模拟软件的选择上大部分研究者借助于现有的有限元软件包。也有不少研究者自编程序定制特殊的功能模块[90,91]。

近年来，微观组织的模拟除了采用常规的热力耦合分析方法即通过计算热力学参数来间接地模拟材料的微观结构以外，人们还将形状优化设计中的微观遗传算法和灵敏度分析方法引入微观组织模拟和优化研究中，以微观结构参量作为目标函数的设计变量，直接实现微观组织的优化[92]。

1.9 轧制过程有限元模拟仿真的发展趋势

轧制过程模拟仿真的根本任务应当是借助模拟仿真技术达到超前再现材料成型变化过程以准确预测并控制最终产品的质量，其中包括产品的形状尺寸精度、表面质量、组织状况和使用性能（包括机械或力学性能、工艺性能和相关的物理化学性能等）。正因如此，轧制过程模拟仿真也正在从以往的各种模拟仿真研究的岛方案（Island Schema）（如轧件三维塑性变形状况的求解、最佳轧制工艺参数的选定、轧辊孔型或辊型等工具的最优设计等）中发展到对成型过程微观组织演化的模拟和宏观性能的预测，甚至向材料变形分析、温度场计算、微观组织演变模拟、性能预测以及产品缺陷和表面质量状况分析等一体化的方向发展，形成一个复杂的集成化模拟仿真系统从而成为轧钢企业 CIMS 中的有机组成部分。在研究方法上，轧制过程有限元模拟仿真研究将会与 CAD、CAM、CAE，以及人工智能领域中的专家系统、人工神经网络和模式识别等原理紧密结合，进一步提高模拟仿真系统对更为复杂和模糊问题的分析处理能力。

2 弹塑性大变形有限元模拟的基本原理

2.1 轧制过程的非线性

轧制过程中的大变形具有的非线性类型包括：材料非线性、几何非线性和接触非线性。

(1) 材料非线性：材料非线性是由非线性应力-应变关系引起的。在轧制成型中常见的材料非线性模型包括：弹塑性、刚塑性和黏塑性（见图 2.1）[93]。

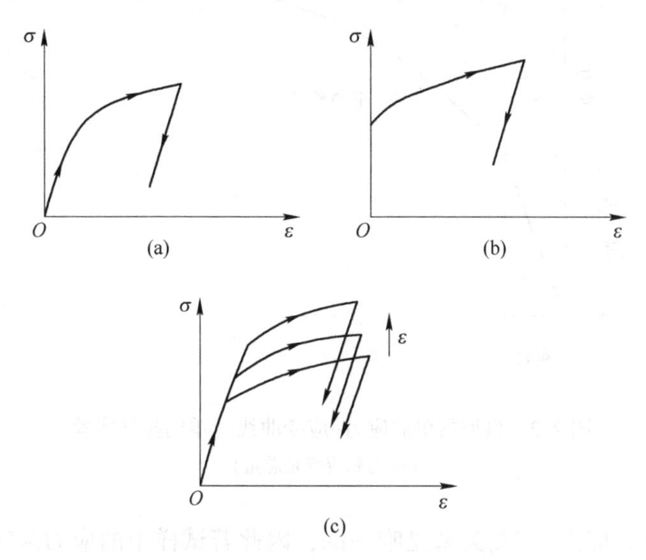

图 2.1 材料非线性行为

(a) 弹塑性行为；(b) 刚塑性行为；(c) 黏塑性行为

(2) 几何非线性：几何非线性一方面来源于应变-位移的非线性关系，另一方面来源于应力-力的非线性关系。若应力度量与应变度量共轭，则两个非线性来源有相同形式。此类非线性数学上易定义，但常常难求数值解。因涉及大应变运动学，故将轧制几何非线性中的大应变问题从数学上分解为几何非线性和材料非线性是不唯一的。

(3) 接触非线性：接触非线性是由接触条件和（或）载荷引起的非线性。接触和摩擦问题导致非线性边界条件。若作用在结构上的载荷随结构的位移而变化，则这种结构载荷引起非线性。

下面仅就弹塑性大变形有限元模拟扼要介绍材料非线性、几何非线性和接触非线性。

2.2 材料非线性

2.2.1 不依赖于时间的非弹性行为

在单向拉伸实验中，大多数金属及许多其他材料呈现下列现象：若试样的应力小于材料屈服应力，则材料发生弹性变形，试样中的应力与应变成正比；若试样的应力大于材料屈服应力，则材料不再显现弹性行为，而且应力-应变的关系变成非线性。典型的单向应力-应变曲线及其弹性与非弹性区如图 2.2 所示。

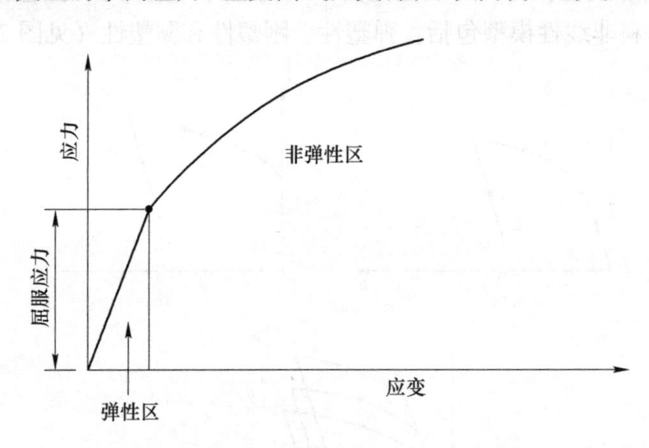

图 2.2 典型的单向应力-应变曲线（单向拉伸实验）
（应力和应变是总量）

在弹性区，应力-应变关系是唯一的，因此若试样中的应力从零（点 0）增加到 σ（点 1）然后减小（卸载）到零，那么试样中的应变也从零增加到 ε_1 然后返回到零，即试样中的应力一旦释放则弹性应变完全复原，如图 2.3 所示。

在非弹性区，加载-卸载的应力-应变关系不同于弹性阶段。若试样加载超过屈服限达到点 2，这时试样中的应力为 σ_2 而总应变为 ε_2，则试样中的应力一旦释放则弹性应变 ε_2^e 完全复原，然而其非弹性（塑性）应变 ε_2^p 则遗留在试样中，如图 2.3 所示。同样地，若试样加载到点 3 然后卸载到零应力状态，则塑性应变 ε_3^p 则遗留在试样中，显然 ε_2^p 不等于 ε_3^p。

由此可见，应力一旦除去，塑性应变将永久保留在试样中而且该塑性应变的大小依赖于开始卸载时的应力水平（路径依赖行为）。

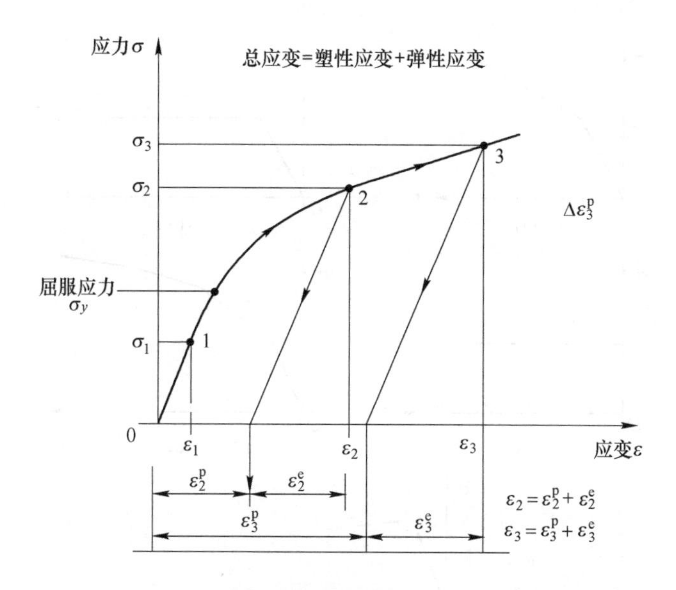

图 2.3 简单加载-卸载图示（单向实验）

单向应力-应变曲线通常绘制成总量（总应力与总应变）。图 2.4 所示的总应力-应变曲线可转换为总应力-塑性应变曲线。其中总应力-塑性应变曲线的斜率定义为材料的加工硬化率（H），显然加工硬化率是塑性应变的函数。

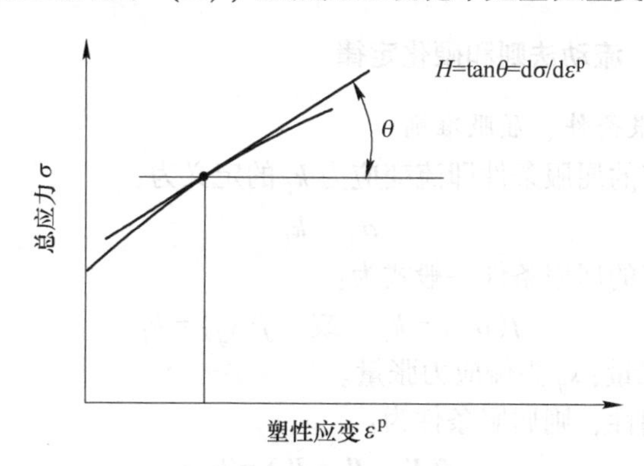

图 2.4 加工硬化率的定义（单向实验）

单向应力-应变曲线是直接从实验数据绘制的，其可简化从而便于数值模拟。若干简化的应力-应变曲线如图 2.5 所示。

除了弹性材料常数（杨氏模量、泊松比），在处理非弹性（塑性）材料时要特别关注流变应力与加工硬化率。这些量会随温度及应变速率而变化从而使数值分析更加复杂。

由于流变应力一般从单向实验测定，而实际结构的应力一般是多向的，因此必须考虑多向应力状态的屈服条件，此外还需研究流动法则和硬化定律。

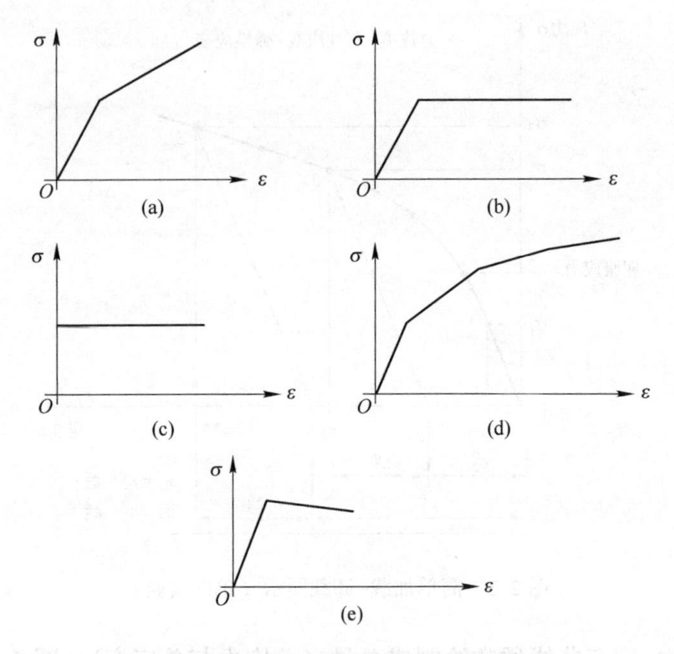

图 2.5 简化的应力-应变曲线（单向实验）

（a）双线性表示；（b）弹性-理想塑性；（c）刚性-理想塑性；（d）分段线性表示；（e）应变软化

2.2.2 屈服准则、流动法则和硬化定律

2.2.2.1 屈服条件、屈服准则

单向应力状态的屈服条件即流变应力 k_f 的定义为：

$$\sigma_1 = k_f \tag{2.1}$$

多向应力状态的屈服条件一般式为：

$$f(\sigma_{ij}) = k_f \quad 或 \quad f(s_{ij}) = k_f \tag{2.2}$$

式中，σ_{ij} 为应力张量；s_{ij} 为偏应力张量。

若假定各向同性，则屈服条件为：

$$f(I'_1,\ I'_2,\ I'_3) = k_f \tag{2.3}$$

式中，I'_1、I'_2、I'_3 为偏应力张量不变量。

以下仅对有限元模拟中常用的 von Mises 屈服准则作简要介绍。

从理论上，屈服条件可用一个或两个偏应力张量不变量 I'_2、I'_3 的任意函数表示（但是否适用需要通过实验验证）：

$$f(I'_2,\ I'_3) = k_f \tag{2.4}$$

其中 von Mises 屈服准则设定二次不变量与流变应力的平方成正比，即：

$$I'_2 = \frac{1}{2}s_{ij}s_{ij} = c_1 k_f^2 \tag{2.5}$$

其中比例因子 c_1 可代入单向拉伸实验的数值（$\sigma_1 = k_f$，$\sigma_2 = \sigma_3 = 0$）。

单向拉伸实验的偏应力张量为：

$$s_{ij(单向)} = \begin{pmatrix} \frac{2}{3}k_f & 0 & 0 \\ 0 & -\frac{1}{3}k_f & 0 \\ 0 & 0 & -\frac{1}{3}k_f \end{pmatrix}$$

由此可得 $c_1 = 1/3$，可得：

$$k_f = \sqrt{3I_2'} = \sqrt{\frac{3}{2}s_{ij}s_{ij}} \tag{2.6}$$

von Mises 等效应力为：

$$\sigma_V = \sqrt{\frac{1}{2}[(\sigma_x - \sigma_y)^2 + (\sigma_y - \sigma_z)^2 + (\sigma_z - \sigma_x)^2] + 3(\tau_{xy}^2 + \tau_{yz}^2 + \tau_{zx}^2)} \tag{2.7}$$

von Mises 屈服准则在金属塑性成型数值模拟分析中的成功应用归因于该函数的连续性以及与常见可塑材料实验结果的一致性，即（与 Tresca 屈服准则相比）von Mises 屈服准则更加接近实际（对于各向同性金属材料而言）。

2.2.2.2 流动法则

对于塑性材料而言，要建立增量应力-应变关系，流动法则不可少。流动法则描述了在外载荷作用下应力状态对材料流动行为的影响，其可用于两个目的：(1) 已知应力状态，能计算局部应变，反之亦然；(2) 计算成型件的最终几何尺寸（特别是用在不受（工具）强制约束的变形尺寸，例如无芯棒管材拉拔的壁厚或带宽展轧制的轧材宽度等）。

流动法则将塑性应变分量的微分 $d\varepsilon^p$ 描述为当前应力状态的函数。

Prandtl-Reuss 流动法则为：

$$d\varepsilon^p = d\bar{\varepsilon}^p \frac{\partial\bar{\sigma}}{\partial\sigma} \tag{2.8}$$

式中，$d\bar{\varepsilon}^p$ 为等效塑性应变增量；$\bar{\sigma}$ 为等效应力。

方程（2.8）表示非弹性应变增量的方向与屈服面正交，称作正交法则或关联流动法则。若用 von Mises 屈服面，则法向矢量等于偏应力。

2.2.2.3 硬化定律

在单向实验中，加工硬化率（H）定义为（总）应力-塑性应变曲线的斜率。加工硬化率把非弹性区的应力增量与塑性应变增量相联系并且规定后继屈服条件。目前 Marc 等商业软件中有各向同性加工硬化模型，单向应力-塑性应变曲线可用分段线性函数表示，也可通过用户子程序加入特定的加工硬化模型。

2.2.3 本构关系

以下介绍描述弹塑性材料增量应力-应变关系的本构方程。材料行为决定于塑性增量理论、von Mises 屈服准则以及各向同性硬化定律[93,94]。

设加工硬化率表示为：

$$H = \mathrm{d}\bar{\sigma}/\mathrm{d}\bar{\boldsymbol{\varepsilon}}^{\mathrm{p}} \tag{2.9}$$

流动法则表示为：

$$\mathrm{d}\boldsymbol{\varepsilon}^{\mathrm{p}} = \mathrm{d}\bar{\boldsymbol{\varepsilon}}^{\mathrm{p}}\left\{\frac{\mathrm{d}\bar{\sigma}}{\mathrm{d}\boldsymbol{\sigma}}\right\} \tag{2.10}$$

考虑熟悉的应力-应变定律的微分形式，其中塑性应变解释为初始应变：

$$\mathrm{d}\boldsymbol{\sigma} = C:\ \mathrm{d}\boldsymbol{\varepsilon} - C:\ \mathrm{d}\boldsymbol{\varepsilon}^{\mathrm{p}} \tag{2.11}$$

式中，C 为胡克定律定义的弹性矩阵。

将方程（2.10）代入方程（2.11）得：

$$\mathrm{d}\boldsymbol{\sigma} = C:\ \mathrm{d}\boldsymbol{\varepsilon} - C:\ \frac{\partial\bar{\sigma}}{\partial\boldsymbol{\sigma}}\mathrm{d}\bar{\boldsymbol{\varepsilon}}^{\mathrm{p}} \tag{2.12}$$

用 $\frac{\partial\bar{\sigma}}{\partial\boldsymbol{\sigma}}$ 简化方程（2.12）

$$\left\{\frac{\partial\bar{\sigma}}{\partial\boldsymbol{\sigma}}\right\}:\ \mathrm{d}\boldsymbol{\sigma} = \left\{\frac{\partial\bar{\sigma}}{\partial\boldsymbol{\sigma}}\right\}:\ C:\ \mathrm{d}\boldsymbol{\varepsilon} - \left\{\frac{\partial\bar{\sigma}}{\partial\boldsymbol{\sigma}}\right\}:\ C:\ \frac{\partial\bar{\sigma}}{\partial\boldsymbol{\sigma}}\mathrm{d}\bar{\boldsymbol{\varepsilon}}^{\mathrm{p}} \tag{2.13}$$

考虑到

$$\mathrm{d}\bar{\sigma} = \frac{\partial\bar{\sigma}}{\partial\boldsymbol{\sigma}}:\ \mathrm{d}\boldsymbol{\sigma}$$

以方程（2.9）代替式（2.13）左边得：

$$H\mathrm{d}\bar{\boldsymbol{\varepsilon}}^{\mathrm{p}} = \left\{\frac{\partial\bar{\sigma}}{\partial\boldsymbol{\sigma}}\right\}:\ C:\ \mathrm{d}\boldsymbol{\varepsilon} - \left\{\frac{\partial\bar{\sigma}}{\partial\boldsymbol{\sigma}}\right\}:\ C:\ \left\{\frac{\partial\bar{\sigma}}{\partial\boldsymbol{\sigma}}\right\}\mathrm{d}\bar{\boldsymbol{\varepsilon}}^{\mathrm{p}} \tag{2.14}$$

移项整理得：

$$\mathrm{d}\bar{\boldsymbol{\varepsilon}}^{\mathrm{p}} = \frac{\left\{\frac{\partial\bar{\sigma}}{\partial\boldsymbol{\sigma}}\right\}:\ C:\ \mathrm{d}\boldsymbol{\varepsilon}}{H + \left\{\frac{\partial\bar{\sigma}}{\partial\boldsymbol{\sigma}}\right\}:\ C:\ \left\{\frac{\mathrm{d}\bar{\sigma}}{\mathrm{d}\boldsymbol{\sigma}}\right\}} \tag{2.15}$$

将其代入方程（2.12）得：

$$\mathrm{d}\boldsymbol{\sigma} = L^{\mathrm{ep}}:\ \mathrm{d}\boldsymbol{\varepsilon} \tag{2.16}$$

式中，L^{ep} 为弹塑性、小应变的切线模量：

$$L^{ep} = C - \frac{\left(C: \frac{\partial \bar{\sigma}}{\partial \sigma}\right) \otimes \left(C: \frac{\partial \bar{\sigma}}{\partial \sigma}\right)}{H + \left\{\frac{\partial \bar{\sigma}}{\partial \sigma}\right\} : C : \left\{\frac{\partial \bar{\sigma}}{\partial \sigma}\right\}} \tag{2.17}$$

若是理想塑性情形（其中 $H=0$），则求解 L^{ep} 毫无困难。

2.3 几何非线性

在轧制等塑性成型过程中材料常常发生大位移和大应变。因大位移的发生，应变与位移之间的关系变成非线性。大应变的影响导致应力-应变关系的变化。

针对上述问题，在弹塑性法中，可用更新拉格朗日法建立平衡方程。在更新拉格朗日法中，更新拉格朗日列式在 $t = n + 1$ 取参考构形。真应力（柯西应力）以及真应变用于本构关系中。单元刚度在当前单元构形上集成。对于大位移可选择更新拉格朗日法。其中采用真应力（σ）和变形速率（D）。在单向拉伸试样中，变形速率采用对数应变。因此，应力-应变曲线必须是真应力-对数塑性应变曲线。

若已知工程应力-应变曲线 $S_E - \varepsilon_E$，则真应力及对数应变可按下式计算：

真应力 $$\sigma = \frac{P}{A} = \frac{P}{A_0} \cdot \frac{A_0}{A} = \frac{A_0}{A} S_E$$

对数应变 $$\varepsilon_T = \ln\left(1 + \frac{u}{L_0}\right) = \ln(1 + \varepsilon_E)$$

对于（近似的）不可压缩材料行为：

$$A(1 + \varepsilon_E) = A_0$$

因此，真应力可近似为：

$$\sigma = (1 + \varepsilon_E) S_E \tag{2.18}$$

更新拉格朗日法适用于分析非弹性行为（例如：塑性、黏塑性或蠕变）引起的结构大变形（例如轧制等）。在更新拉格朗日法中，初始拉格朗日坐标系的物理意义不大，原因是非弹性变形是永久的。采用该分析方法时，在每个增量步的开始重新定义拉格朗日参考系。

2.4 接触非线性

2.4.1 接触的描述方法

2.4.1.1 变形体与刚性体的接触条件

一个节点在接触过程中不太可能刚好接触到表面，因此每个表面有一个接触容限（tolerance），如图2.6所示。若一个节点位于接触容限以内，则认为这个节点与该段相接触。

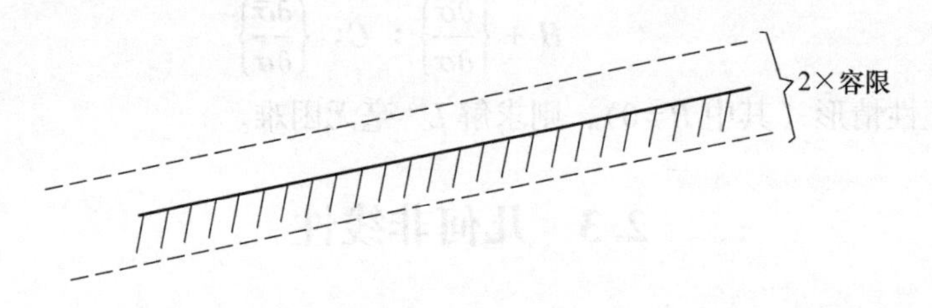

图2.6　接触容限

变形体与刚性体的几何关系有以下四种情形（见图2.7）[95]：

（1）当 $\Delta u_{\mathrm{A}} \cdot n < |D-d|$ 时，未探测到接触，此时节点 A 未接触，没有约束；

（2）当 $d-\Delta u_{\mathrm{A}} \cdot n \leqslant D$ 时，探测到接触，此时节点 A 靠近刚性体的容限内，若 $F<Fs$ 则接触约束把节点 A 拉向接触面；

（3）当 $\Delta u_{\mathrm{A}} \cdot n-d \leqslant D$ 时，探测到接触，此时节点 A 穿透到刚性体的容限内，接触约束把节点 A 推向接触面；

（4）当 $\Delta u_{\mathrm{A}} \cdot n > |D+d|$ 时，探测到穿透，此时节点 A 穿透到刚性体的容限以外，这时要分割增量（减小载荷）直至无穿透。

在图2.7中 Δu_{A} 为节点 A 的增量位移矢量；n 为合适取向的单位法矢量；D 为接触距离（默认值为 $h/20$ 或 $t/40$，h 为单元最小边长，t 为壳单元最小厚度）。

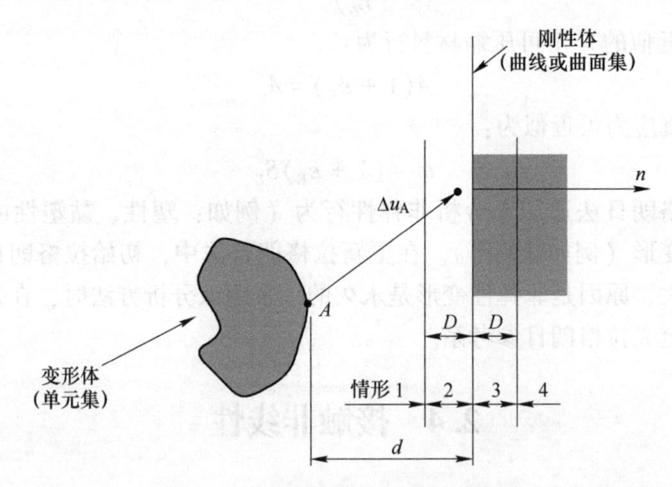

图2.7　变形体与刚性体的几何关系

2.4.1.2　接触容限的大小与偏离因子

接触容限的大小对计算量及求解精度有重要影响。若接触容限太小，则接触和穿透的探测较困难，这使计算量增大。因为若一个节点在较短时间发生穿透，则导致更多的迭代穿透检查以及更多的增量分离。若接触容限太大，则节点被过早地认为接触，这导致精度降低或迭代增多（由于分离）。另外，可接受的解或许有这样的节点，其小于错误的容限、大于用户希望的容限而“穿透”表面。

在模型上的有些地方，经常出现节点几乎碰到一个表面的情况（例如在轧制模拟中靠近轧辊入口和出口处）。这时最好采用一个偏离的容限值使靠接触面之外的距离较小而靠接触面之内的距离较大，由此避免靠近的节点接触又分离。在此定义一个偏离因子（Bias factor），其值为0.0~0.99（若为零则无偏离因子）。金属塑性成型涉及摩擦接触，最好对接触容限采用偏离因子。偏离因子的推荐值为0.95。如图2.8所示，外接触距离等于（1-Bias）乘以接触容限；外接触距离等于（1+Bias）乘以接触容限。

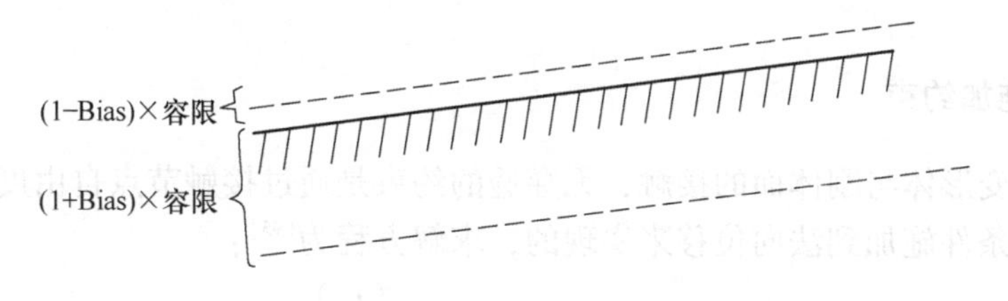

图2.8 偏离的接触容限

2.4.1.3 相邻关系

接触到一个刚性面的一个节点有从刚性面的一段滑向另一段的趋势。在2-D中，各段（及段的编号）总是连续的，因此接触第 n 段的节点滑向第 $n-1$ 段或第 $n+1$ 段（见图2.9）。

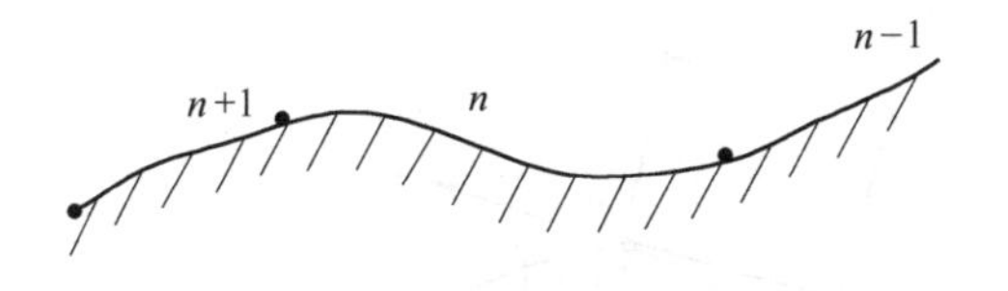

图2.9 相邻关系（2-D）

在3-D中，因接合面的细分或CAD底层几何面的定义使得几何段经常不连续（见图2.10）。连续的几何面远远优于不连续的几何面，因为在连续的几何面上一个节点无需任何干涉能从一个几何段滑向另一几何段（假定满足尖角条件）。当一个节点滑离一个几何段而找不到一个相邻几何段时，不连续的几何面将引起附加的操作。因此应当用几何清理工具消除小的条状面使表面不仅物理连续而且拓扑毗连。

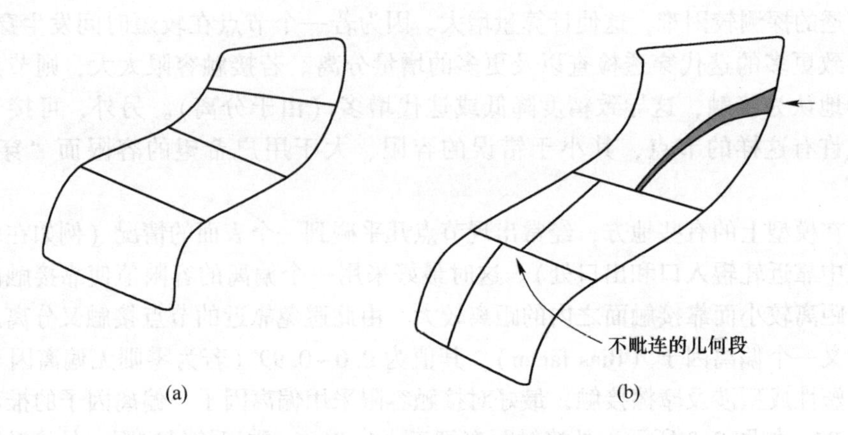

图 2.10 相邻关系（3-D）
（a）几何段连续的面；（b）几何段不连续的面

2.4.2 施加约束

对于变形体与刚体面的接触，无穿透的约束是通过接触节点自由度的转换以及将边界条件施加到法向位移来实现的，求解方程为[95]：

$$\begin{bmatrix} K_{\hat{a}\hat{a}} & K_{\hat{a}b} \\ K_{b\hat{a}} & K_{bb} \end{bmatrix} \begin{Bmatrix} \underline{U}_{\hat{a}} \\ \underline{U}_{b} \end{Bmatrix} = \begin{Bmatrix} \underline{f}_{\hat{a}} \\ \underline{f}_{b} \end{Bmatrix} \tag{2.19}$$

式（2.19）中，$\hat{a}$ 代表有局部转换的接触节点，b 代表无接触（即无转换）的其他节点。对这些进行转换的节点，约束法向位移使 $\Delta u_{\hat{a}n}$ 等于刚性体在接触点处的法向位移增量，如图 2.11 所示。

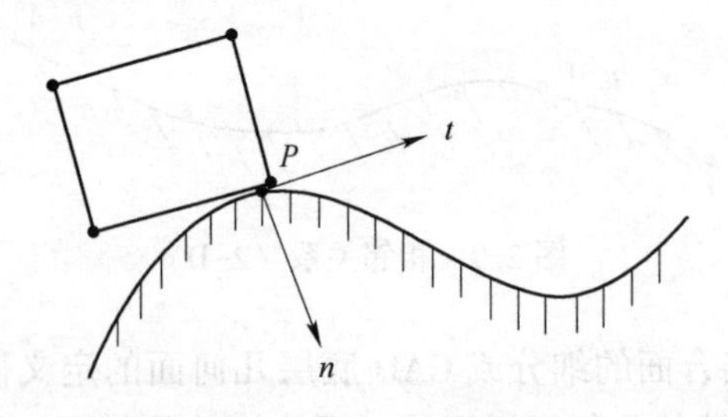

图 2.11 变换的系统（2-D）

由于刚性体能用分段线性或解析 NURBS 曲面表示，因此有两种处理方法。对于分段线性表示法，在两个几何段之前法线不变，如图 2.12 所示。在迭代过程中，有以下情况之一出现：

(1) 若角 α 较小 ($-\alpha_{smooth} < \alpha < \alpha_{smooth}$)，则节点滑到另一几何段；

(2) 若角 α 较大 ($\alpha > |\alpha_{smooth}|$)，则节点与表面分离（凸角）或粘在表面（凹角）。

接触极限角 α_{smooth} 的大小对于控制计算成本很重要。较大的 α_{smooth} 降低计算成本但可能导致不精确。接触极限角 α_{smooth} 的默认值为：$\alpha_{smooth}=8.625°$（2-D），$\alpha_{smooth}=20°$（3-D）。

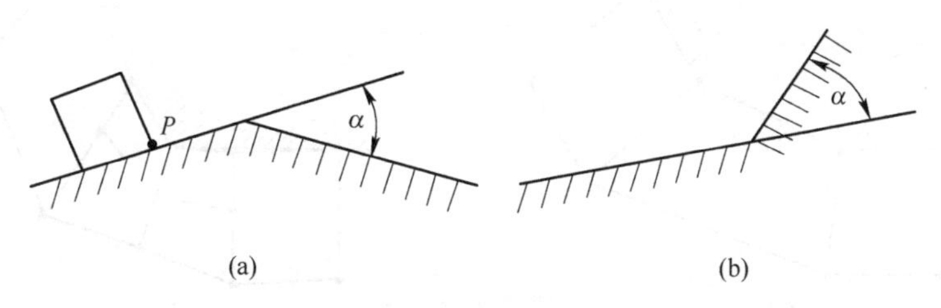

图 2.12 拐角条件（2-D）
(a) 凸拐角；(b) 凹拐角

在 3-D 中，这些拐角条件更复杂。一个节点 P 在几何片 A 上自由滑动直至其到达两个几何段的相交处。若为凹角，则节点先试图沿相交线滑动然后移到几何段 B（见图 2.13）。这是一个自然（较低能量状态）的运动。这些尖角条件也存在于变形体与变形体的接触分析。因为接触体的几何形状是连续变化的，因此拐角条件（凸角、平滑、凹角）也要连续地重新评价。

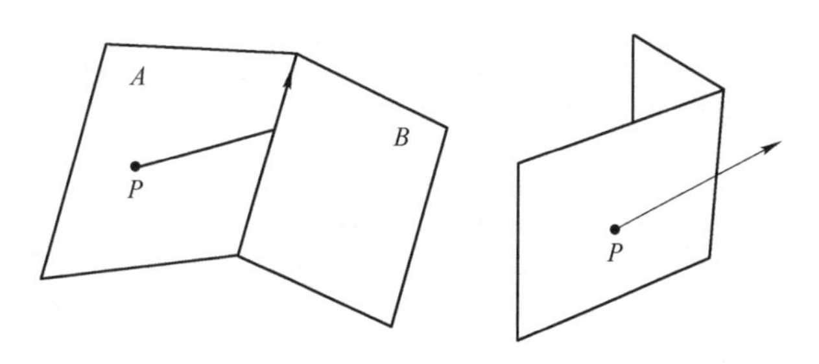

图 2.13 拐角条件（3-D）

当一个刚性接触体用一个解析面表示时，要基于当前位置在每次迭代重新计算法线。这使求解更精确，但计算量增大（因为要重新评价 NURBS 面）。

2.4.3 接触分析的网格自适应

一个变形体与一个刚性体之间的接触要确保节点不穿透刚性面。一个单元有可能穿透一个刚性面，特别是在高曲率处因网格离散出现穿透。可采用网格自适应降低接触穿透的可能性。除了传统的误差准则（例如 Zienkiewicz-Zhu 或最大应力等)，还可采用基于接触的网格自适应细化，即当一个节点前来接触时，与此节点相关的单元均被细化。由此导致在发生接触的外部区域单元及节点的数目较大（见图 2.14)，这能显著改善求解精度。

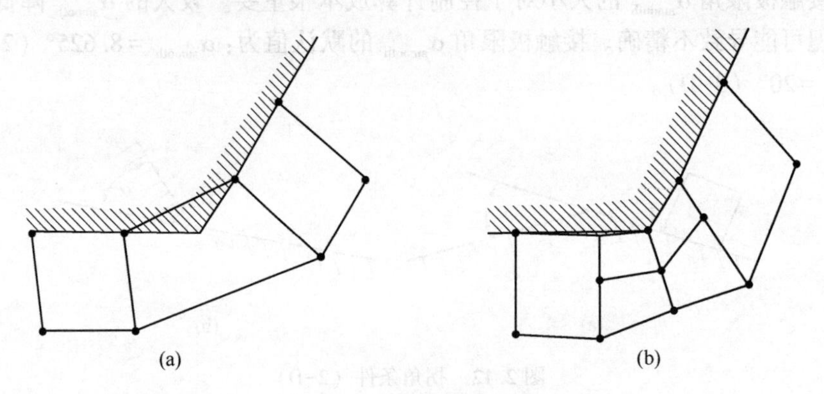

图 2.14 接触闭合的条件

（a）单元边的穿透；（b）网格自适应

3　合金钢热物性参数及热变形抗力实验研究

金属热物性参数及热变形抗力的变化对于热变形过程中变形体的应力应变和温度分布及力能参数的变化具有重要影响，是影响材料成型模拟仿真准确性的重要因素。对准确建立大规格合金钢热连轧过程模拟仿真的有限元模型及其边界条件、准确测定合金钢的材料热物性参数及热变形抗力，具有重要的理论和实际意义。

3.1　实验用钢的化学成分

本实验采用的实验用钢为热作模具钢 H11，其化学成分参见表 3.1。

表 3.1　H11 芯棒钢的化学成分　　　（质量分数，%）

C	Mn	Si	Cr	V	Mo
0.36~0.42	0.30~0.50	0.90~1.20	4.80~5.80	0.25~0.50	0.80~1.00

3.2　H11 钢热物性参数的测定

3.2.1　H11 钢线膨胀系数的测定

实验设备为 DT-1000 型热膨胀仪，该仪器具有测量精度高、辐射加热、真空或惰性气体保护加热、加热与冷却的温度及其速度的可控范围宽等特点。最高加热温度 1350℃；最大加热速度 200℃/s；最大冷却速度 500℃/s；最低冷却温度-150℃；膨胀量测量：量程±2mm，线性度 0.2%，分辨率 0.1μm。试样如图 3.1 所示。

分段冷却的方法是：以 5℃/s 加热 940℃，在 940℃保温 5min，然后以 1℃/s 冷速冷至 700℃，再以 0.5℃/s 冷速冷至 500℃，500℃以下以 0.2℃/s 冷速冷却至常温。

线膨胀系数的真值是指测量的温度点的实际值，线膨胀系数的平均值是指对测量温度点附近 75℃范围内的实际值（真值）取平均值。

在加热和冷却过程中的线膨胀系数如表 3.2 所示。

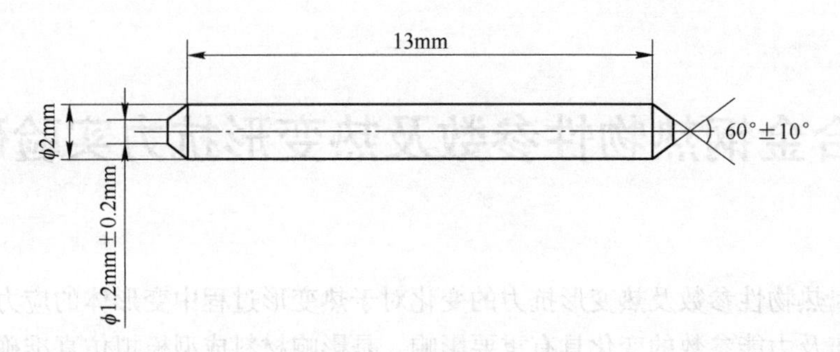

图 3.1 试样尺寸

表 3.2 H11 钢线膨胀系数

温度/℃	加热（5℃/s）		分段冷却	
	真值	平均值	真值	平均值
50	11.92	10.32	8.551	-10.28
100	12.60	11.40	4.357	-3.55
150	13.46	11.97	-3.315	-2.75
200	13.89	12.43	-7.358	-3.30
250	15.63	12.76	-5.744	-7.726
300	15.29	13.32	21.29	-5.624
350	14.90	13.59	21.53	-2.106
400	15.15	13.76	21.98	0.694
450	15.35	13.91		—
500	15.48	14.06	21.90	4.799
550	15.83	14.22	22.09	6.297
600	15.93	14.35	22.09	7.53
650	14.71	14.45	—	—
700	8.52	14.32	22.32	9.523
750	8.654	13.81	23.02	10.37
800	11.97	13.61	23.93	11.15
850	—	—	24.06	11.86

线膨胀系数是长度 L 的相对变化量 dL/L 和温度变化量 dT 的比值：

$$\alpha = \frac{1}{L}\frac{dL}{dT}$$

若钢成分一定，则线膨胀系数与温度、组织状态及相变等有关。

从表 3.2 中可见 H11 钢线膨胀系数总的趋势是随温度的升高而增加，在相变温度区则是下降，相变之后又上升。加热过程中，由于H11钢的空冷室温组织为马氏体，所以在相变前所测得的线膨胀系数实际为马氏体组织的线膨胀系数；而在冷却过程中所测得的线膨胀系数实际为奥氏体的线膨胀系数，其真值大于马氏体状态时的真值。

从线膨胀系数与温度的关系来看，温度升高到700℃左右，线膨胀系数开始减小，这表明钢中部分碳化物开始溶解，向奥氏体转变过程开始。分段冷却过程中，线膨胀系数实际是冷收缩系数，负值才表示发生了膨胀。从中可以看出，300℃以下发生了相变，温度降低到150℃以下，相变基本结束。

3.2.2 H11导热系数的测定

尽管各种合金元素对钢的导热系数影响不同，有的元素含量增加时，降低钢的导热系数，有的元素含量增加时，增加钢的导热系数。但总的看来，合金钢的导热系数低于碳钢，合金钢的导热性较碳钢差。所以加热合金钢时加热速度相对低于碳钢，否则，快速的加热会促进温度梯度与热应力的增加，并促进热裂的产生。

钢的导热系数与温度、化学成分、晶粒大小组织及热处理状态有关。温度对导热系数的影响较为复杂：在不大于900℃时，碳钢的导热系数随温度增加而下降，高合金钢的导热系数随温度增加而增加，低合金钢及中合金钢的导热系数随温度增加而降低；大于900℃时，所有钢的导热系数都随温度增加而增加。

通过测定200℃、400℃、800℃时H11钢的热扩散率，然后按照下式计算导热系数：

$$导热系数=热扩散率\times热容\times密度$$

可得H11钢导热系数200℃为33.2W/(m·K)，400℃时为33.5W/(m·K)，稍有增加，而在800℃时为29.1W/(m·K)，下降较多。

碳钢在400℃时的导热系数约在40W/(m·K)以上，相比之下合金工具钢H11的导热系数要低许多。H11钢导热系数低，导热性差，终轧后钢材的断面温度不易均匀，容易产生较大的温度梯度，温度场不均匀，在钢材内部会产生较大的热应力。

3.3 H11芯棒钢热变形抗力实验研究

3.3.1 研究方法的选择

金属在一定变形温度、变形程度和变形速率条件下的屈服极限称为金属的变形抗力，它是用来度量金属抵抗塑性变形能力的力学指标，常用σ表示。金属的理论屈服强度取决于原子间的结合力，实际屈服强度则取决于位错运动时受到的各种阻力。这些阻力是和金属材料的成分与组织结构有关的，而材料的组织结构又随着变形温度、应变速率和变形程度变化的。因此，变形抗力是变形温度、变形速率和变形程度的函数。即：

$$\sigma = f(\varepsilon、\dot{\varepsilon}、T) \tag{3.1}$$

式中，σ 为变形抗力，MPa；ε 为变形程度；$\dot{\varepsilon}$ 为变形速率，s^{-1}；T 为变形温度，K。

从理论上讲，可以用物理模拟和数值模拟的方法建立变形抗力与各影响因素之间关系的物理模型和数学模型。数值模拟必须以物理模拟为前提，只有提供精确的、有典型意义的物理模拟实验数据和物理模型，才可建立能真正反映客观实际的数学模型。目前，金属变形抗力的实验方法有拉伸法、圆柱体单向压缩法、平面应变压缩法、扭转法、轧制法等。其中前三种方法比较常用，而在热/力模拟实验机上进行变形抗力的测定，主要用圆柱体单向压缩法和平面应变压缩法。

无论哪种方法，都是通过测出单向应力时的单位变形力即为变形抗力，由于绝大多数情况下变形抗力与变形物体的应力状态无关，所以，在单向应力状态下所测出的变形抗力亦可代表同一变形条件下其他应力状态下变形物体所具有的变形抗力。

同其他实验机相比，热加工模拟机可以在较大范围内改变变形温度、变形程度和变形速率；可以进行多道次连续变形，并且可以调整各变形道次间的时间间隔，变形后可以急冷，并可以通过调整冷却速率来“固定”高温下金属的瞬时组织；可以测定变形过程中各道次的金属变形抗力等。热加工模拟机已广泛应用于控轧、控冷、形变热处理、变形抗力测试等方面的研究。

热模拟所用的变形方式主要是压缩实验法。这种方法是进行变形抗力研究应用最广泛的方法。用它可以获得各种金属压力加工条件下塑性变形所需要的变形抗力与变形程度的关系。压缩实验法可分为两种，即圆柱轴向压缩式和平面应变压缩式。当然它们具有不同的特点，选择哪种方式主要考虑到研究的对象和问题的特点。这两种变形方式热模拟形式如图 3.2 所示。

3.3.1.1 圆柱体单向压缩式

采用圆柱轴向压缩式实验对变形抗力进行研究，是目前所采用的最广泛的方法。试样为圆柱形，直径 d 一般在 8~12mm 之间，长度 L 一般在 10~15mm 之间，通常取 L/d=1.5~1.7。如果端面无摩擦，试样温度均匀，变形则是均匀的。然而，这仅仅是理想状态。在实际变形过程中测量出的不是变形抗力，而是平均单位压力。这是因为在压缩时，试件在工具的两个平行平面间受到压缩，试件与工具接触的表面上存在着摩擦，导致了试件内部产生三向压应力状态和变形的不均匀。

压缩实验时试样端面的摩擦力是影响实验精度的主要因素。只有当压缩后试

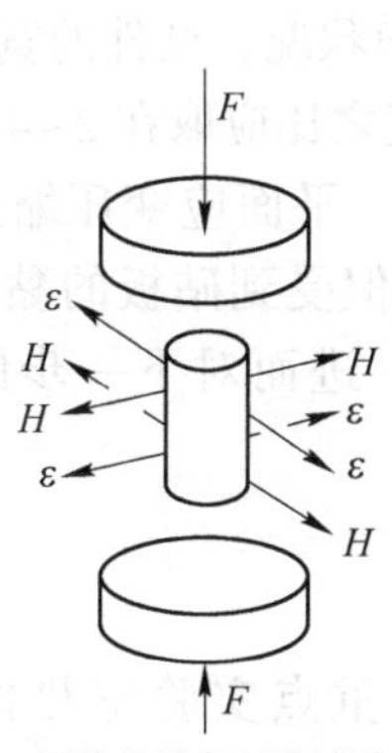

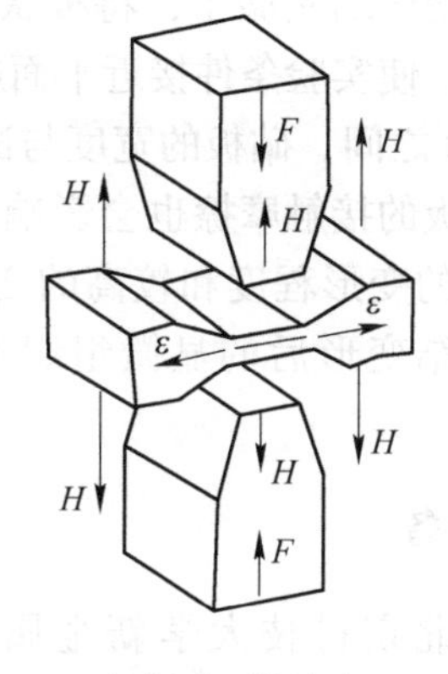

图 3.2 两种常用的压缩实验方法

F—力；H—散热；ε—应变

样无鼓肚，其轴向应变和横向应变相等，所测得的变形抗力才能反映整个试件塑性变形的真实情况。因此，如何减少试样端面摩擦是保证单向压缩物理模拟精度的技术关键。目前克服端面摩擦主要采用的技术有：试样端部开槽填加玻璃粉润滑；石墨纸垫片润滑；碳化钨垫块降低试样的温度梯度。虽然采用了各种方法，但完全消除摩擦是不可能的。因此，为了衡量单向热压缩实验的有效性，英国国家物理实验室经过大量对比实验及组织观察，提出鼓肚系数 B 这一物理量的概念。即：

$$B = \frac{L_0 d_0^2}{L_f d_f^2} \tag{3.2}$$

式中，B 为鼓肚系数；L_0 为试样原始高度；d_0 为试样原始直径；L_f 为压缩后试样平均高度（取试样两端部中心及圆周每隔 120°的三个点，共测量试样四个高度值进行平均）；d_f 为压缩后试样平均直径（腰部和端部相平均）。

该实验室评判标准为：当 $B \geqslant 0.9$ 时，其单向热压缩实验的结果是有效的；当 $B<0.9$ 时，美国 DSI 公司推荐用下式予以修正计算：

$$\sigma_i = \frac{4F_i}{\pi d_i^2}\left(1 + \frac{\mu d_i}{3L_i}\right)^2 \tag{3.3}$$

式中，σ_i 为真应力；μ 为摩擦系数；F_i、d_i、L_i 分别为瞬时测得的压力、试样的平均直径和平均高度。

3.3.1.2 平面应变压缩式

平面应变压缩实验广泛地应用于轧制的模拟，这是由于与单向压缩实验相比，平面应变压缩实验应力状态、变形状态及热传导等更接近于轧制。其变形抗力的测定更加方便与精确。

在平面应变压缩实验中，将板状试样放在压头（砧板）间，为了保证横向展宽可以忽略，使实验条件接近平面应变的理想状况，试件的宽度与砧板的宽度之比应在6~10之间，砧板的宽度与试件的厚度之比应取在2~4的范围之内。同样，试件与砧板的接触摩擦也会影响实验结果。平面应变压缩式实验的优点是可以达到较大的变形程度和较高的变形速率，但受到砧板的黏接和变形区域的影响，使得冻结变形后的显微组织不够理想，进而对下一步的组织分析工作不利。

3.3.2 实验设备

实验是在北京科技大学新金属材料国家重点实验室热模拟材料实验机Gleeble-1500上完成的。

Gleeble-1500热/力模拟实验机是采用电阻法加热试样、液压伺服加载的物理模拟设备，是目前世界上功能较齐全的模拟实验装置之一。该设备完全由计算机控制整个实验过程并配备有数据采集系统。在实验过程中可精确地控制加热速度、变形速率和变形程度等参数，测量稳定性和重复性好，数据可靠。该设备的主要性能参数如表3.3所示。

表3.3 Gleeble-1500热/力模拟实验机主要性能指标

加热变压器容量	75kVA	
加热速度	最大10000℃/s（ϕ6mm普通碳钢试样，自由跨度15mm）	
最大载荷	拉或压（单道次）80066N	疲劳实验 53374N
加载速率	最大2000kN/s	最小0.01mm/min
位移速度	最大1200mm/s	最小0.01mm/10min

3.3.3 实验材料

实验材料取自现场空冷后的芯棒坯切头，两个不同炉号共取样5块，试样开裂情况及试样编号见表3.4。

表3.4 试样开裂情况及试样编号

试样编号	炉号	直径/mm	开裂情况
1号	669	ϕ160	未裂
2号	494	ϕ160	未裂
3号	494	ϕ160	裂
4号	494	ϕ160	裂
5号	669	ϕ153	裂

在3号试样上截取实验用原料，经过锻造加工成13mm的圆坯，锻后圆坯经过860℃保温1h退火以降低硬度，再机加工成相应的试样。

采用图3.3所示的ϕ10mm×15mm尺寸的圆柱形试样进行热压缩模拟实验。试样两端有凹槽，便于填充润滑剂，以消除压缩变形中的鼓肚现象。

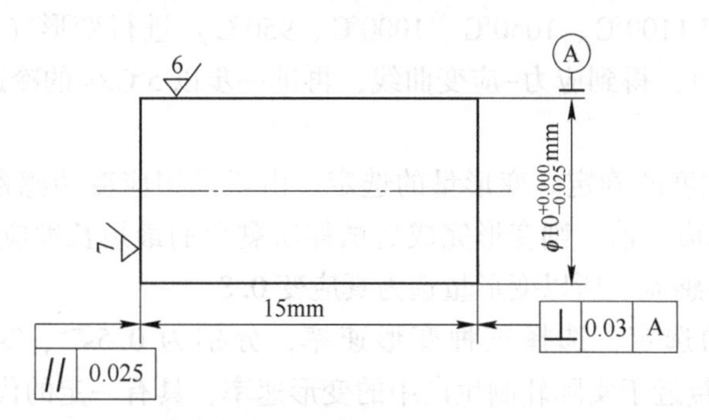

图3.3 试样加工示意图

实验时在试样中部点焊热电偶，试样两端垫钽片以增加润滑和防止与压头黏接。试样中心安装应力应变膨胀检测装置，加热和冷却过程均由计算机程序准确控制。

3.3.4 实验参数的确定

为了研究合金工具钢H11在不同变形温度及变形速率下的变形抗力的变化，同时也为制定后续的热加工工艺提供依据，对合金工具钢H11测定了变形抗力曲线。

本工作对合金工具钢H11不同变形温度及变形速率下的变形抗力进行了实验研究。这部分实验利用Gleeble-1500热模拟实验机测定了H11合金工具钢在不同变形温度及变形速率下的变形抗力。

在实际生产中，芯棒坯的轧制采用小压下量多道次快速轧制法。变形道次多变形量大。而Gleeble-1500热/力模拟机由于采用应变传感器测量变形过程中的连续瞬时真应变值，受传感器大小的限制，变形完成后试样所剩余的最短长度应不小于5.5mm。

考虑到高温变形时，当晶粒细化到一定程度后，随变形道次增多，晶粒不再细。所以在实际模拟中，变形量采用连轧前四道次的变形量。

(1) 加热制度的确定。升温速度选用5℃/s的实际生产常用参数，达到1150℃后固溶10min，固溶完成以后以10℃/s的冷速降温至变形温度，变形温度分别为1150℃、1100℃、1050℃、1000℃、950℃、900℃、850℃。变形完成之后，取出试样空冷至室温，完成一个工艺流程实验。

通过对合金工具钢 H11 变形中变形抗力的测定，得到合金工具钢 H11 不同温度下的变形抗力规律，为 H11 钢轧制工艺控制提供理论依据。

实验部分：通过热压缩法测得不同温度下真应力-应变曲线。

将试样加热到 1200℃后保温 10min，然后以 10℃/s 的冷速冷却到 A_{r3} 以上高温区某温度（如 1100℃、1050℃、1000℃、950℃）进行变形（变形量为 80%，应变速率为 $1s^{-1}$），得到应力-应变曲线，再进一步以 5℃/s 的冷速控制冷却，测得相变温度。

(2) 变形制度的确定。变形量的选定：由于采用应变传感器测量变形过程中的连续瞬时真应变值，则变形完成后试样所剩余的最短长度应不小于 5.5mm，以保证不损坏传感器。所以变形量选为真应变 0.8。

应变速率的选定：选择三种变形速率，分别为 $0.5s^{-1}$、$2s^{-1}$、$5s^{-1}$。其中 $0.5s^{-1}$ 应变速率接近于实际轧制生产中的变形速率，具有一定的代表性。

3.4 实验结果及分析

3.4.1 H11 热变形抗力的特性

从试样在各变形温度下的应力-应变曲线（图 3.5~图 3.8）可以看出：随着变形量的不断增加，仅发生动态回复，而没有发生动态再结晶。曲线形式属于仅发生动态回复型的应力-应变曲线，如图 3.4 所示。在相同变形速率条件下，金属在高温形变时的流变应力比低温时普遍偏低，即金属在高温变形时的硬化率低。如当变形量为 0.4 时（变形速率为 $0.5s^{-1}$），H11 钢的 1150℃ 的变形抗力比 850℃ 时低约 225MPa。

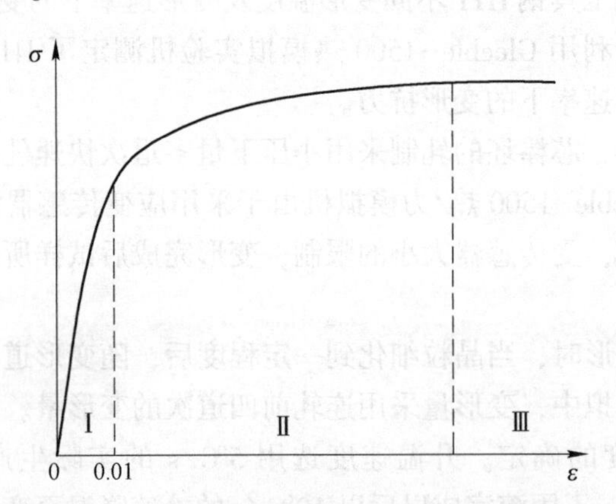

图 3.4 热变形仅发生动态回复型 σ-ε 曲线

Ⅰ—微量变形；Ⅱ—宏观塑性变形区；Ⅲ—趋于稳态阶段

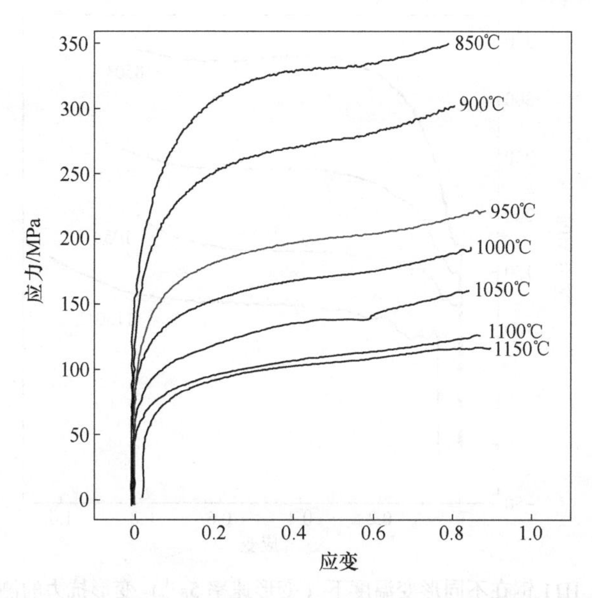

图 3.5 H11 钢在不同形变温度下（变形速率 $0.5s^{-1}$）变形抗力的测定曲线

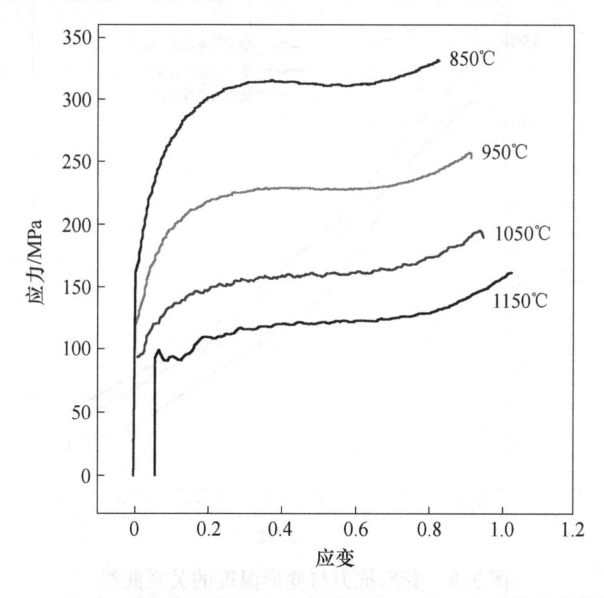

图 3.6 H11 钢在不同形变温度下（变形速率 $2s^{-1}$）变形抗力的测定曲线

合金工具钢 H11 在热加工温度范围进行变形，动态回复明显抵消了变形产生的部分硬化。即使变形量很大，金属内部所积累的畸变能，也达不到动态再结晶所需能量，所以只发生动态回复，而不发生动态再结晶。

由图 3.8 可见，变形抗力随变形速率增加有所提高，但变化程度不大，真应

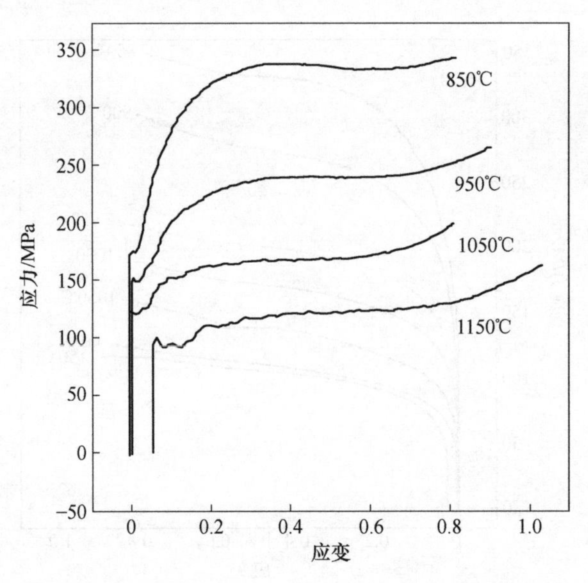

图 3.7 H11 钢在不同形变温度下（变形速率 $5s^{-1}$）变形抗力的测定曲线

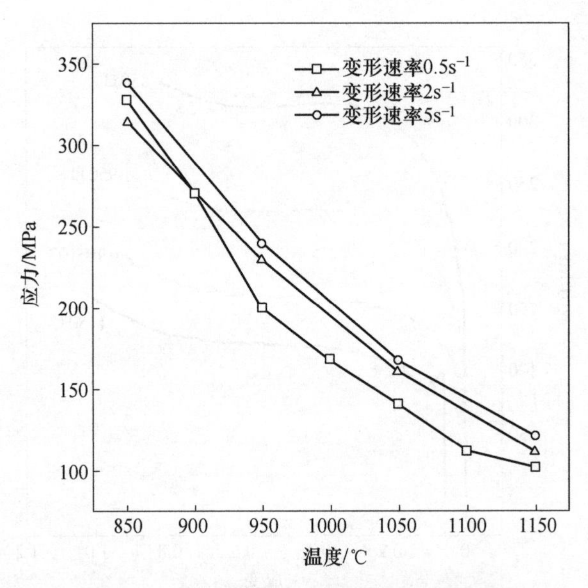

图 3.8 变形抗力与变形温度的关系曲线

变 0.4，变形温度 1150℃，变形速率为 $0.5s^{-1}$、$2s^{-1}$、$5s^{-1}$ 时变形抗力分别为 102MPa、112MPa、121MPa。

3.4.2 H11 钢热变形抗力机理分析

金属加工硬化除了受变形速率因素的影响以外，还与形变亚晶、位错以及其他缺陷的产生都有不同程度的间接和直接关系，但位错密度的增加则起着决定作用。这是因为这种形变亚晶实际上是由位错发团的形成而导致的，而空位和间隙原子等缺陷的产生也和位错在运动中相互交割分不开。随着变形量的不断增大，位错密度不断增加，位错在运动中相互交割的机会就越多，相互间的阻力也就越大，因而变形抗力也就越大。同时，变形抗力的增加表明位错运动阻力的增加，则位错易于在晶体中塞积，从而位错密度的增加也因之加快。这两者的相互作用促使了硬度和强度的迅速增加。但是，各曲线并没有出现加工硬化完全消失的现象，即在所给实验条件下，H11 钢内部发生的软化作用并非占主要地位，再结晶过程并没有发生。高温形变时的硬化现象减弱的原因如下：（1）温度升高可能会增加新的滑移系统；（2）高温时变形，位错会产生交滑移或攀移，它的消失和重组变得容易，因而软化效果变得明显；（3）温度升高时可能出现新的塑性变形机理，低温时，一般主要是滑移、孪生、扭折和形变带等，随温度升高可能出现扩散型塑性变形机理和晶间滑动机理等，由于这些机理的参与，使加工硬化的作用减弱。

3.4.3 H11 热变形抗力模型

对于一定化学成分和组织状态的金属材料来说，变形温度（T）、变形速率（$\dot{\varepsilon}$）和变形程度（ε）以及变形时间（t）等因素构成综合变形条件。

材料的变形抗力可由下式表示：

$$\sigma = f(\varepsilon,\ \dot{\varepsilon},\ T,\ t)$$

式中，σ 为金属塑性变形抗力，MPa；ε 为变形程度；$\dot{\varepsilon}$ 为变形速率，s^{-1}；T 为变形温度，绝对温度，K；t 为变形时间。

对于实际轧制过程来说，变形抗力还受应力状态条件的影响。

若不考虑变形时间 t 对材料的加工硬化和再结晶软化的影响，则有下式：

$$\sigma = f(\varepsilon,\ \dot{\varepsilon},\ T)$$

根据热力学理论可得：

$$\sigma = A \cdot \varepsilon^{a} \cdot \dot{\varepsilon}^{b} \cdot \exp\left(\frac{C}{T}\right)$$

对 H11 钢实测数据进行非线性回归，得到下式：

$$\sigma = 0.9334 \cdot \varepsilon^{0.2005} \cdot \dot{\varepsilon}^{0.0461} \cdot \exp\left(\frac{6943.4}{T}\right) \tag{3.4}$$

H11 钢热变形抗力回归曲线与实验曲线的比较如图 3.9 所示。

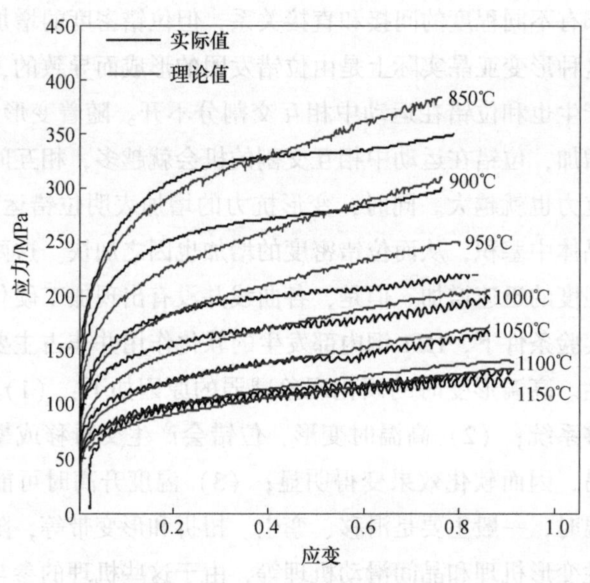

图 3.9 H11 钢热变形抗力实测与计算结果的比较（变形速率 $0.5s^{-1}$）

3.5 本章小结

（1）合金工具钢 H11 在热加工温度范围进行变形时，从热变形抗力变化上表现出只发生动态回复未发生动态再结晶；

（2）H11 芯棒钢线膨胀系数总的趋势是随温度升高而增大，但在进入相变温度区下降，相变之后又上升；其导热系数较低，导热性差，轧件断面易产生较大的温度梯度和热应力；

（3）合金工具钢 H11 钢的变形抗力较高，在 850℃，变形速率 $0.5s^{-1}$，变形程度为 0.4 时，变形抗力达到 350MPa；

（4）变形抗力随变形速率增加有所提高，但变化程度不大。

4 合金钢连轧孔型设计与轧辊强度分析方法

4.1 连轧合金钢工艺和设备条件

4.1.1 大圆钢的轧制方法

大规格合金钢圆钢轧制生产的主设备包括：两架1350初轧机（串列）和6架钢坯连轧机（VH），如图4.1所示。其中1号初轧机采用双锭轧制，通常轧制9~15道次；2号初轧机采用单锭轧制，通常轧制9~11道次。6VH钢坯连轧机的V1机架（ϕ800mm×1300mm×3600mm）和H2机架（ϕ800mm×1200mm×3500mm）轧辊材质为锻造半钢（YNTA2）；V3机架、H4机架、V5机架（ϕ700mm×1200mm×3330mm）轧辊材质为锻造半钢（YNTA4）；H6（ϕ700mm×1200mm×3300mm）轧辊材质为锻造铸铁（YNTF1）。连轧机机架间距为5500mm。钢坯连轧机设备性能如表4.1所示。

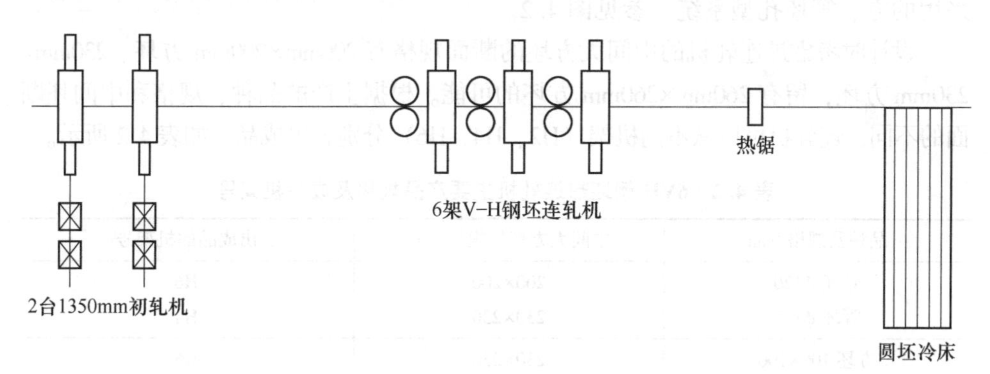

图4.1 高质量合金钢初轧及6VH钢坯连轧机组示意图

表4.1 6VH钢坯连轧机设备性能参数

机架	轧辊尺寸/mm×mm	电机容量/kW	转速/r·min^{-1}	减速比 i
V1	ϕ800×1300	1100	0/400/800	1：44.5
H2	ϕ800×1200	1100	0/400/800	1：34.5
V3	ϕ700×1200	1300	0/400/800	1：23.5
H4	ϕ700×1200	1300	0/400/800	1：17.5

续表 4.1

机架	轧辊尺寸/mm×mm	电机容量/kW	转速/r·min^{-1}	减速比 i
V5	ϕ700×1200	1400	0/400/800	1∶13.5
H6	ϕ700×1200	1400	0/400/800	1∶10.3

该6VH钢坯连轧机组在设备上和工艺上具有以下主要特点：

（1）连轧机的轧制线不变，立辊和水平辊机座交替布置，实现无扭转轧制且轧制稳定，避免轧件在轧制过程中产生扭转而导致轧件擦伤和角部产生裂纹或表面破裂，保证了钢坯的精度和表面质量；

（2）6架轧机均为单独驱动，连轧机的主、副电机直流供电和励磁均采用可控硅方式，连轧控制采用电流记忆方式的微张力轧制系统；

（3）采用快速换辊装置。立辊机架为内机座式，水平机架为机座移动式。立辊机座采用抽出方式，水平机座采用侧移方式，都是整体更换。还设有孔型变换装置用于换孔型；第一架连轧机的轧辊上有刻痕，最大咬入角可达27°~34°，其余轧机的最大咬入角可达27°。

在轧制过程中，由初轧机轧制的中间大方坯，称量后，为适应钢坯连轧机轧制方、管坯孔型的需要和“无扭转轧制”工艺的要求，当轧制小方坯时经过45°转钢机转45°呈菱形进入连轧机，当轧制管坯时不需回转而直接进入连轧机。所采用的方、管坯孔型系统，参见图4.2。

设计时考虑进连轧机的中间大方坯的断面规格有200mm×200mm方坯、230mm×230mm方坯，留有260mm×260mm方坯的可能。根据生产的品种、规格和中间坯断面的不同，连轧机可以从不同机架（H2、H4、H6）分别轧出成品，如表4.2所示。

表4.2 6VH钢坯热连轧机主要产品规格及成品机架号

品种及规格/mm	中间大方坯的规格/mm	出成品的机架号
管坯 ϕ120	200×200	H6
管坯 ϕ175	230×230	H4
方坯 100×100	230×230	H6
方坯 140×140	230×230	H4
芯棒坯 ϕ153	200×200	H4

4.1.2 大规格合金钢圆钢的锯切和冷却方法

H11芯棒钢圆坯采用10.3t钢锭进行轧制生产，不用热火焰清理机清理，连轧后钢坯总长约60m（ϕ153芯棒坯），直接送往热锯锯掉头尾成两根30m长的定尺，然后送到专门设置的多目的冷床上进行空冷，经过冷却后下冷床温度约在400℃以下。

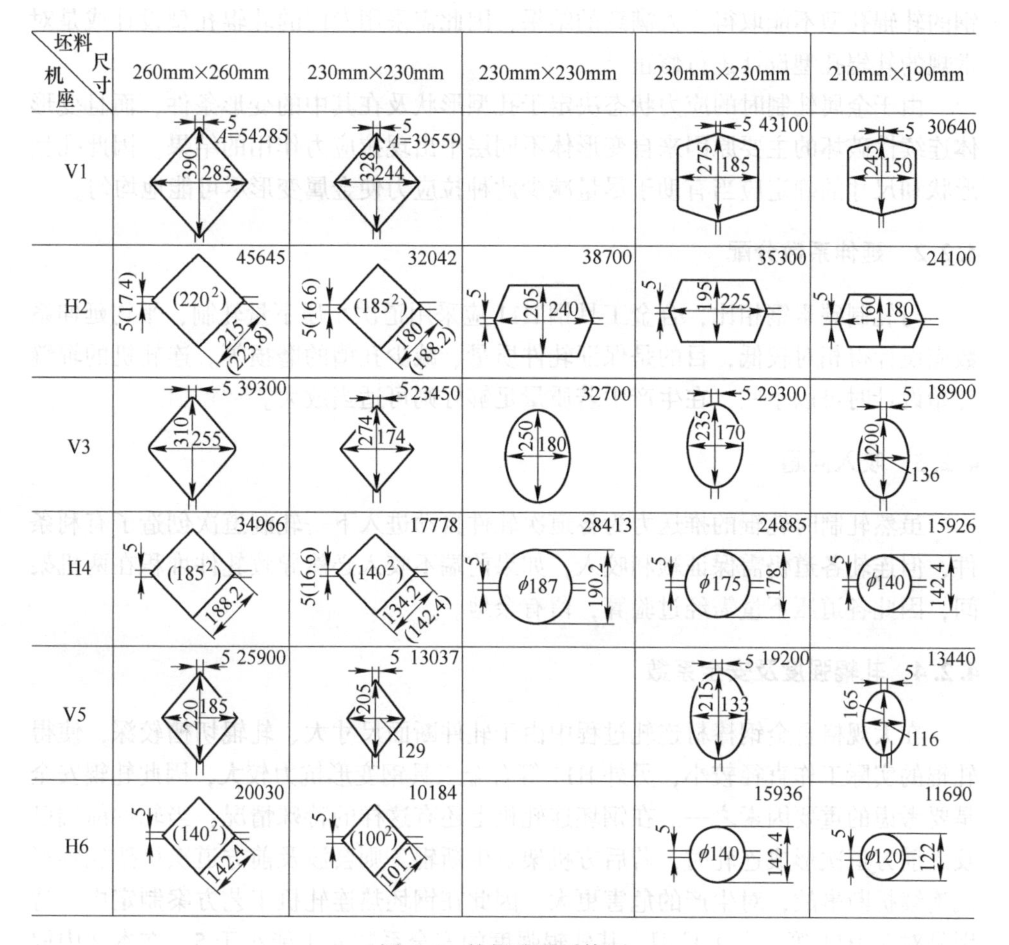

图 4.2 轧辊孔型系统图

4.2 大规格合金钢孔型设计的特点

要保证最终产品的质量（包括得到合金钢轧材断面满足规定的几何尺寸、轧材无缺陷、组织性能满足要求等），在 6VH 热连轧精轧机组上制订大规格合金芯棒钢连轧工艺方案时，除了要考虑各道次需满足“秒流量相等”原则外，还需注意以下若干问题。

4.2.1 孔型系统的选择

虽然有不少合金或高合金钢通常可以用轧制普碳钢的轧辊孔型进行轧制，但仍有许多合金钢（例如 H11、H13、T91 等）由于其性能特殊，用通常轧制普碳钢的轧辊孔型不能取得令人满意的结果，因此需采用专门的轧辊孔型设计或是对常规的轧辊孔型设计进行修正。

由于金属轧制时的应力状态决定于孔型形状及在其中的变形条件，而且变形体连续性破坏的主要原因来自变形体不同层中出现拉应力作用的结果。因此孔型形状和尺寸的确定应当有助于尽量减少此种拉应力使金属变形尽可能地均匀。

4.2.2 延伸系数分配

与轧制碳素钢相比，合金工具钢 H11 应采用道次小压下量轧制，平均延伸系数应设计得相对较低，目的是保证轧件质量、减少孔槽的磨损等。连轧机的辊缝开始设计时可以小些，在生产中若质量足够好则可适当放大。

4.2.3 咬入问题

虽然轧制时轧辊的推送力为各道次轧件自动进入下一轧制道次创造了有利条件，但连轧各道仍需保证顺利咬入，如果前端不咬入必然导致轧件堆积在两机架间，因此各道压下量需经过验算，留有余地。

4.2.4 轧辊强度及安全系数

在大规格合金钢棒材连轧过程中由于轧件断面尺寸大、轧辊切槽较深，使得轧辊的实际工作直径较小，另外 H11 等合金工具钢变形抗力较大，因此轧辊安全是要考虑的重要因素之一。在钢坯连轧机上还有这样的特殊情况：当轧件前端已咬入前方道次形成连轧时，若后方机架发生断辊，则会波及前方道次机架轧辊形成连续折断事故，对生产的危害更大。因此在钢坯热连轧机工艺方案制定中，特别是对于 H11 等合金工具钢，其轧辊强度的安全系数 n 不能小于 5，在本文中取安全系数 $n=5$。

4.2.5 前滑问题

轧件轧出速度不同于轧辊的圆周速度，由此出现前滑问题，在型钢连轧机孔型设计中，为方便起见可暂时不考虑各道次的前滑。但是前滑对连轧过程的影响是存在的，它会影响秒流量关系，同时连轧堆拉关系及其变化大小又影响前滑值。

4.2.6 轧制速度

对于 H11 等低塑性、低导热系数的合金钢在满足设备工艺限制条件下应当适当提高轧速，缩短轧制时间，减缓温降过程以减缓轧件因温度不均匀产生裂纹的趋势。

4.3 连轧大规格合金钢孔型方案的制定

在大圆钢孔型设计中，钢种选择的是 H11 合金芯棒钢，成品分别为 ϕ200～250mm 中的 6 个规格的大圆钢（规格间距为 10mm）。根据现场工艺设备条件和 H11 芯棒钢变形要求及生产特点，选择四道次连轧大圆钢的孔型系统为“平底单圆弧箱形孔（V1）、平底双圆弧箱形孔（H2）、双圆弧椭孔（V3）、以切线代替扩张圆弧的圆孔（H4）”；三道次连轧为“平底双圆弧箱孔（V1），双圆弧椭孔（H2），以切线代替扩张圆弧的圆孔（V3）”；两道次连轧采用“双圆弧椭孔（V1）、以切线代替扩张圆弧的圆孔型（H2）”。通过改变道次延伸系数、轧制道次数、轧辊转速以及选择来料断面积等，优化孔型形状尺寸，得到连轧前中间方坯可能的较大断面积。根据 H11 合金芯棒钢变形特点及现场生产实际情况，针对两道次连轧，总结出两套典型的连轧道次延伸系数分配方案即延伸系数分配方案 A 和延伸系数分配方案 B，见表 4.3。针对四道次连轧总结出两套典型的连轧道次延伸系数分配方案即延伸系数分配方案 C 和延伸系数分配方案 D，见表 4.4。

表 4.3 两道次连轧 H11 芯棒钢延伸系数分配方案

连轧道次	V1	H2
延伸系数方案 A	1.2270	1.1567
延伸系数方案 B	1.2607	1.1797

表 4.4 四道次连轧 H11 芯棒钢延伸系数分配方案

连轧道次	V1	H2	V3	H4
延伸系数方案 C	1.1623	1.1945	1.2270	1.1567
延伸系数方案 D	1.1704	1.1861	1.2607	1.1797

为提高设计效率和计算精度，可将孔型尺寸的计算过程编成程序，给出必要的若干原始工艺和设备参数，即可得到相应孔型的尺寸，然后运用 CAD 技术生成轧辊孔型图，为连轧过程模拟仿真前处理做必要准备。根据仿真结果反映出的问题（主要是轧辊强度是否满足要求、轧件均匀变形及宽展情况、孔型充满情况和成品几何精度等）调整相关工艺设备参数（如延伸系数或面缩率、轧制道次数、轧辊转数、中间坯的断面积、孔型槽底深度、内外圆角、辊缝值等）对孔型做进一步改进。

4.4 计算模型及参数的确定

根据大规格 H11 芯棒钢孔型系统特点，先进行道次延伸系数分配，再依据几何关系计算轧件的变形尺寸[96]，在此基础上最后确定各精轧孔型的尺寸，并且采用正偏差设计其成品圆孔型。连轧ϕ200mm 规格 H11 芯棒钢精轧孔型尺寸的计算结果见附录。以下是主要计算模型及参数。

4.4.1 平底单圆弧箱形孔

扁箱形孔型尺寸的计算公式为：

$$H_1^2 = \frac{A_1}{a_k \cdot \delta_1 - \dfrac{\delta_B^2 \cdot \tan\varphi}{2} - 0.55\left(\dfrac{r}{H_1}\right)^2} \tag{4.1}$$

$$\frac{r}{H_1} = 0.1 \sim 0.15 \tag{4.2}$$

$$B_k = a_k \cdot H_1 \tag{4.3}$$

$$B_d = B_k - H_1 \cdot \tan\varphi \tag{4.4}$$

$$r = 0.1H_1 \tag{4.5}$$

$$R = r \tag{4.6}$$

$$s = (0.015 \sim 0.020)D \tag{4.7}$$

式中，A_1 为孔型中热态轧件断面积；H_1 为孔型中轧件高度；B_k 为孔型宽度；B_d 为孔型槽底宽度；φ 为孔型侧壁斜度；δ_1 为孔型充满度；δ_B 为孔型侧壁充满度；a_k 为孔型宽高比；r 为孔型外圆角半径；R 为孔型内圆角半径；s 为辊缝值；D 为轧辊直径。

4.4.2 平底双圆弧箱形孔

双内圆角方形箱形孔型尺寸计算公式：

$$H_1^2 = \frac{A_1}{a_k \cdot \delta_1 - \dfrac{\delta_B^2 \cdot \tan\varphi}{2} - 0.55\left(\dfrac{r}{H_1}\right)^2} \tag{4.8}$$

$$B_k = a_k \cdot H_1 \tag{4.9}$$

$$B_d = B_k - H_1 \cdot \tan\varphi \tag{4.10}$$

$$r = 0.1H_1 \tag{4.11}$$

$$R_1 = r \tag{4.12}$$

$$R_2 = 0.3R_1 \tag{4.13}$$

$$s = (0.015 \sim 0.020)D \tag{4.14}$$

式中，A_1 为该孔型中热态轧件面积；H_1 为孔型中轧件高度；B_k 为孔型宽度；B_d 为孔型槽底宽度；φ 为孔型侧壁斜度；δ_1 为孔型充满度；δ_B 为孔型侧壁充满度；a_k 为孔型宽高比；r 为外圆角半径；R_1 为大内圆角半径；R_2 为小内圆角半径；s 为辊缝值；D 为轧辊直径。

4.4.3 双圆弧椭孔

双圆弧椭孔尺寸计算公式为：

$$H_1^2 = \frac{A_1}{(a_k - 0.215) - 0.667 \cdot (1 - \delta_1)\sqrt{1 - \delta_1^2}} \tag{4.15}$$

$$B_k = a_k \cdot H_1 \tag{4.16}$$

$$R_1 = (0.7 \sim 1.0)H_1 \tag{4.17}$$

$$R_2 = (0.2 \sim 0.25)R_1 \tag{4.18}$$

$$r = (0.5 \sim 0.75)R_2 \tag{4.19}$$

$$s = (0.1 \sim 0.25)B_k \tag{4.20}$$

式中，A_1 为该孔型中热态轧件面积；H_1 为孔型中轧件高度；a_k 为孔型宽高比；δ_1 为孔型充满度；B_k 为孔型宽度；R_1 为侧壁大圆弧半径；R_2 为侧壁小圆弧半径；r 为外圆角半径；s 为辊缝值。

4.4.4 成品圆孔

轧制圆钢时垂直方向的尺寸是用调整成品孔的上下辊来控制的，水平方向的尺寸主要是用调整成品前椭孔型的高度来改变，对角线方向的尺寸可用串动轧辊来纠正。根据 H11 芯棒钢的特点，本文采用正偏差设计其成品圆孔型。

成品圆孔型基圆半径为：

$$R = \frac{1}{2}[d + (0.1 \sim 1.0)\Delta_+]\gamma \tag{4.21}$$

圆弧扩张的成品圆孔宽度为：

$$b_k = [d + (0.5 \sim 1.0)\Delta_+]\gamma \tag{4.22}$$

成品圆孔的侧角为：

$$\rho = \arctan\left(\frac{b_k - 2R\cos\theta}{2R\sin\theta - s}\right) \tag{4.23}$$

成品圆孔的扩张半径为：

$$R' = \frac{2R\sin\theta - s}{4\cos\rho \cdot \sin(\theta - \rho)} \tag{4.24}$$

切线扩张的成品圆孔宽度为：

$$b_k = \frac{2R}{\cos\theta} - s \cdot \tan\theta \tag{4.25}$$

式中，d 为圆钢的公称直径；Δ_+为允许正偏差；γ 为热膨胀系数；s 为辊缝值。

4.5 轧辊应力和轧辊强度计算方法

4.5.1 轧辊结构尺寸

根据合金钢生产实际确定各机架轧辊结构和尺寸，如图 4.3 和表 4.5 所示。由于连轧大规格 H11 芯棒钢可以通过 6VH 热连轧机组的前 4 架直接轧出成品，这里仅给出 V1、H2、V3 和 H4 这 4 个机架轧辊的相关尺寸。

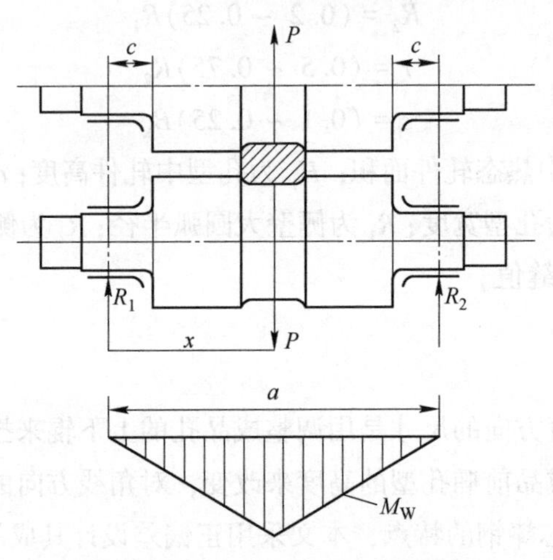

图 4.3 轧辊受力及弯矩简图

表 4.5 6VH 钢坯热连轧机中 V1~H4 机架轧辊的主要参数

主要参数	V1	H2	V3	H4
辊环直径 D_h/mm	800~720	800~720	700~630	700~630
辊身长度 L/mm	1300	1200	1200	1200
辊颈长度 l/mm	479	479	454	454
辊颈直径 d/mm	460	460	440	440
x/mm	889.5	839.5	827	827
a/mm	1779	1679	1654	1654
c/mm	239.5	239.5	227	227

4.5.2 轧辊应力计算方法

连轧大圆钢孔型方案制定的重要内容之一是要分析孔型配辊后轧制过程轧辊的应力及其强度，但在 MSC. MARC 中进行热力耦合有限元模拟仿真分析时通常是将轧件定义为变形体而将轧辊定义为刚性体，在其 Mentat 后处理器中并不能直接得到变形时轧辊不同部位的应力值。为解决此问题，本书将在后续章节中根据从 MSC. MARC 后处理器 Mentat 中得到的轧辊径向和轴向轧制力及轧制扭矩随增量步的变化曲线，确定连轧过程力能参数变化的峰值。在此基础上结合材料力学计算公式分别算出各机架轧辊辊身、辊颈和辊头危险断面处的最大应力，此种处理方法（尤其是在计算轧辊辊头应力时依据轧辊径向和轴向轧制扭矩的模拟仿真结果）未见有其他文献予以报道。值得一提的是，虽然计算轧辊应力时涉及材料力学计算方法，但由于是将轧制力能参数的模拟仿真结果作为轧辊应力计算时的输入量，因此轧辊应力计算结果的准确性显然要远高于单纯用传统的经验或半经验轧制理论公式（如艾克隆德公式等）所得轧辊应力的计算结果。以下为计算轧辊应力时涉及的材料力学计算方法和公式。

4.5.2.1 轧辊辊身应力

首先将各道次孔型配置在轧辊辊身的中间位置并假设轧制力 P 作用在辊身中央处，c 为支反力至辊身边缘的距离，取 $c=l/2$，即辊颈长度之半；a 为两压下螺丝中心线间（即 R_1 和 R_2 两支反力作用线之间）的距离，设其长度为辊身长度与辊径长度之和；$x=a/2$。

轧辊辊身的最大弯矩为：

$$M_w = R_1 x = P\left(1 - \frac{x}{a}\right)x \tag{4.26}$$

辊身中间断面的最大弯应力为[97,98]：

$$\sigma = \frac{M_w}{0.1D_1^3} \tag{4.27}$$

式中，D_1 为轧辊工作直径。

4.5.2.2 轧辊辊颈合成应力

轧辊辊颈上的最大弯矩为：

$$M_w = Rc \tag{4.28}$$

式中，R 为最大支反力；c 为最大支反力至辊身边缘的距离，取 $c=l/2$。

辊颈处的弯曲应力为：

$$\sigma = \frac{M_w}{0.1d^3} \tag{4.29}$$

辊颈处的扭应力分别为：

$$\tau = \frac{M_k}{0.2d^3} \tag{4.30}$$

式中，d 为辊颈直径；M_k 为轧辊扭矩。

按第四强度理论计算的辊颈处弯扭合成应力为：

$$\sigma_h = \sqrt{\sigma^2 + 3\tau^2} \tag{4.31}$$

4.5.2.3　轧辊辊头应力

轧辊辊头采用万向辊头（扁头型），其辊头结构尺寸和受力，如图 4.4 和表 4.6 所示。

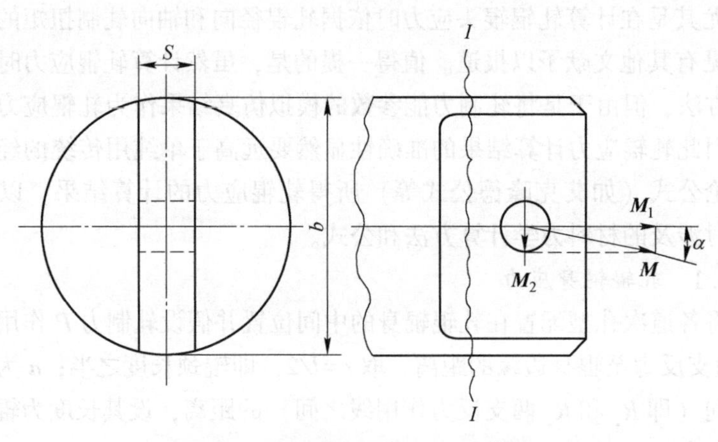

图 4.4　轧辊辊头结构及受力示意图

表 4.6　扁头型辊头的尺寸参数

尺寸参数	V1	H2	V3	H4
扁头宽度 b/mm	274	274	250	250
扁头厚度 S/mm	305	305	280	280
接轴倾角 α/(°)	4	3	4	3

当万向接轴倾角为 α 时，可将万向接轴传递的扭转力矩 $\boldsymbol{M}$ 矢量分解成两个分矢量 $\boldsymbol{M}_1$ 和 $\boldsymbol{M}_2$，则力矩 $\boldsymbol{M}_1$ 对扁头起扭转作用，$\boldsymbol{M}_2$ 起弯曲作用，断面 $I—I$ 承受弯曲应力和扭转应力。

辊头危险断面的合成应力可按下式计算[97,98]：

$$\sigma_h = 0.8\frac{M}{bS^2}\left\{3\sin^2\alpha + \sqrt{9\sin^2\alpha + \left[\left(3 + 1.8\frac{S}{b}\right)\cos\alpha\right]^2}\right\} \tag{4.32}$$

4.5.3　轧辊强度验算方法

将以上所用公式编译成应用程序，将公式中所需参数输入，求出辊身、辊颈、辊头的最大应力，并与轧辊的许用应力加以比较，校核其强度是否合格。表 4.7 是各机架轧辊的强度极限及其许用应力，安全系数 n 取 5。

表 4.7 轧辊材料的强度极限和许用应力（$n=5$）

参数	V1		H2		V3		H4	
	辊身	辊颈	辊身	辊颈	辊身	辊颈	辊身	辊颈
强度极限/MPa	630	660	630	660	540	560	540	560
许用应力/MPa	126	132	126	132	108	112	108	112

4.6 本章小结

（1）连轧大圆钢孔型系统设计中除考虑秒流量相等原则，还要特别注意咬入条件尤其是第一道次的咬入以及前滑和各道次的轧辊强度等因素。在进行轧辊强度验算时，根据合金钢棒材连轧特点，其安全系数 n 的取值不能小于 5。

（2）在深入分析大规格芯棒钢变形特点以及 6VH 热连轧精轧机组工艺和设备条件的基础上，将 H11 大规格芯棒钢热连轧过程模拟仿真的孔型系统确定为：四道次连轧为“平底单圆弧箱孔（V1），平底双圆弧箱孔（H2），双圆弧椭孔（V3），切线扩张的圆孔（H4）”；三道次连轧为“平底双圆弧箱孔（V1），双圆弧椭孔（H2），切线扩张的圆孔（V3）”；两道次连轧为“双圆弧椭孔（V1），切线扩张的圆孔（H2）”。对于 H11 芯棒钢成品圆孔型采用正偏差设计其尺寸。

（3）连轧大规格 H11 芯棒钢延伸系数应采用道次小延伸量分配。与传统精轧孔型设计方法相异，本书首先进行道次延伸系数分配再计算轧件尺寸和孔型尺寸，使 H11 芯棒钢热连轧过程模拟仿真孔型系统的设计更为合理。

5 大规格合金钢热连轧过程三维有限元模拟仿真

5.1 模拟仿真研究方案制定

在模拟仿真分析中，钢种选择 H11 热作模具钢，成品为 ϕ200～250mm 大规格圆钢。根据现场工艺设备特点及生产经验，连轧大圆钢模拟仿真的孔型系统确定为：四道次连轧采用“箱-箱-椭-圆”孔型；三道次连轧采用“箱—椭—圆”孔型；两道次连轧采用“椭-圆”孔型系统。考虑到连轧 H11 合金工具钢宜采用道次小压下量快速轧制，同时为提高生产率，应使连轧前中间方坯具有尽可能大的断面积，尽量增加连轧阶段轧件总变形量。为此应首选具有较多轧制道次的四道次连轧进行孔型轧制方案的计算、分析和校核。

为提高孔型设计的效率和计算精度，将孔型尺寸的计算过程编成程序，计算相应孔型尺寸，并将结果传递到 MARC 前处理器中，进行连轧过程的模拟仿真。根据模拟仿真结果反映出的问题（主要是轧辊强度、轧件均匀变形及孔型磨损、宽展、孔型充满情况和成品几何精度等）调整相关工艺设备参数（如轧制道次数、延伸系数或面缩率、轧辊转数、中间坯的断面积、孔型槽底深度、内外圆角、辊缝值等）对孔型做进一步改进。

对上述 ϕ200～250mm 规格大圆钢的多机架热连轧过程进行模拟仿真之前，为了能在模型中定义材料特性，要结合 H11 芯棒钢物理模拟及实验研究结果，建立 H11 材料模拟仿真数据库。材料库中包括材料热物性参数如杨氏模量、热容、线膨胀系数、热导率及热变形抗力等。

从现场实测数据来看，粗轧终轧温度为 1005～1048℃，精轧开轧温度为 910～990℃，精轧终轧温度为 860～920℃，上冷床前基体表面温度为 740～800℃，上冷床前端面表层温度为 560～660℃，端面心部温度为 740～900℃。

实际生产上连轧开轧温度一般在 910～990℃之间，但生产数据统计表明，若该温度低于 950℃则轧制废品的概率较大，因此在 H11 芯棒钢的连轧模拟仿真中可将连轧开轧温度控制在 950℃以上。

对实际轧制情况的分析发现，现场在轧制 ϕ120mm 及其以下规格圆钢时采用六道次连轧，轧制 ϕ153～180mm 规格圆钢时采用四道次连轧。因此在对 ϕ200～250mm 规格大圆钢热连轧过程确定合理的连轧道次数时，可首先针对 ϕ200mm 规格大圆钢采用较小道次延伸系数的四道次连轧、三道次连轧、两道次连轧分别进行模拟仿真，从模拟仿真结果分析轧辊是否满足其强度条件。若四道次或三道次连轧时出现轧辊应力超出许用应力而仅两道次连轧时各架轧辊满足强度要求，则由此可以推断 ϕ200mm 以上规格即 ϕ210mm、ϕ220mm、ϕ230mm、ϕ240mm 和 ϕ250mm 大圆钢只能选用两道次连轧，再分别对这些规格的圆钢采用较小延伸系数分配进行两道次连轧过程的全三维有限元模拟仿真，分析轧辊应力是否满足强度要求，在此将轧辊强度条件作为轧制方案选择的首要条件之一。

5.2 建立合金钢模拟仿真数据库

设计与 MARC 仿真软件材料库的接口应用程序，将芯棒钢热变形抗力等材料热物性参数按 MARC 要求的文件数据格式输出，使其可在 MARC 仿真软件中直接读取和使用。程序初始运行状态如图 5.1 所示。图 5.2 为热变形抗力的计算实

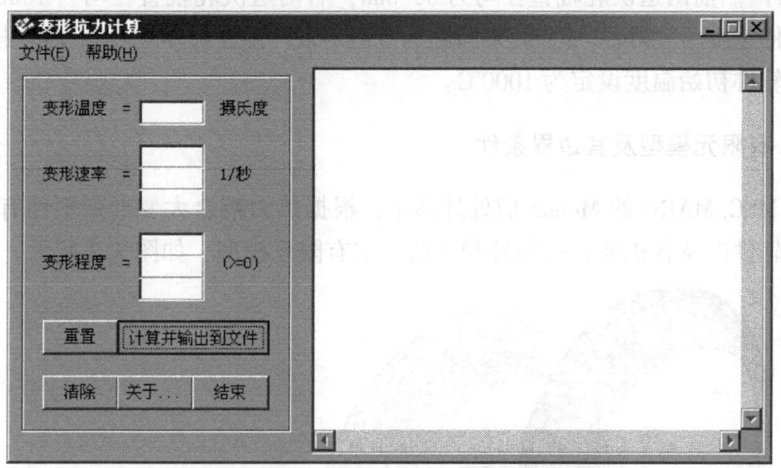

图 5.1 程序初始状态

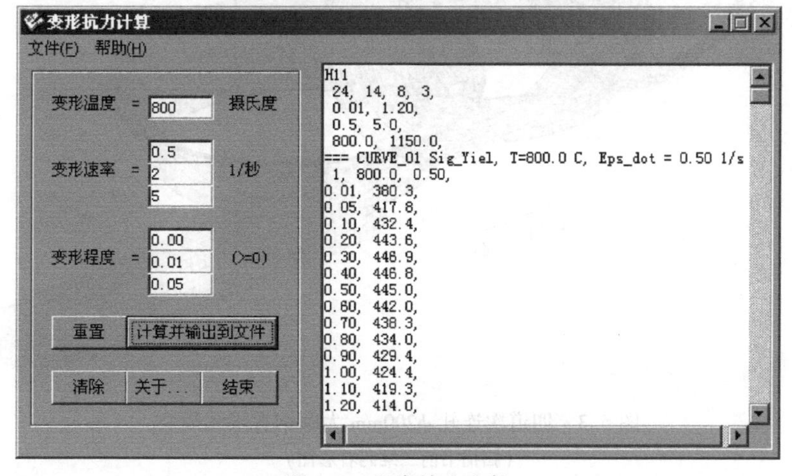

图 5.2 程序输出文件

例（温度取 800~1150℃，变形程度取 0.01~0.85，变形速率取 0.5~5.0s^{-1}）。

5.3 ϕ200mm 芯棒钢四道次连轧

5.3.1 轧制初始条件

轧制 H11 芯棒钢时，进 1 号初轧机之前的钢锭断面尺寸为 617mm×824mm，长度为 2950mm，质量为 10.3t，经过 2 台初轧机轧制成断面尺寸为 255mm×255mm，圆角为 30mm 长度为 23065mm 的中间方坯。

在 6VH 热连轧机上完成四道次连轧 ϕ200mm 圆钢的孔型系统选择为“平底单圆弧箱孔（V1）、平底双圆弧箱孔（H2）、双圆弧椭孔（V3）、切线扩张圆孔型（H4）”。前两道次轧辊直径均为 800mm，后两道次轧辊直径均为 700mm，末道次轧件速度为 480mm/s，机架间距为 5500mm。轧件材质为 H11 热作模具钢，连轧前轧件初始温度设定为 1000℃。

5.3.2 有限元模型及其边界条件

在 MSC.MARC 的 Mentat 前处理器中，根据热力耦合大变形弹塑性有限元方法建造轧件以及各机架轧辊等接触体的三维有限元模型，如图 5.3 所示。

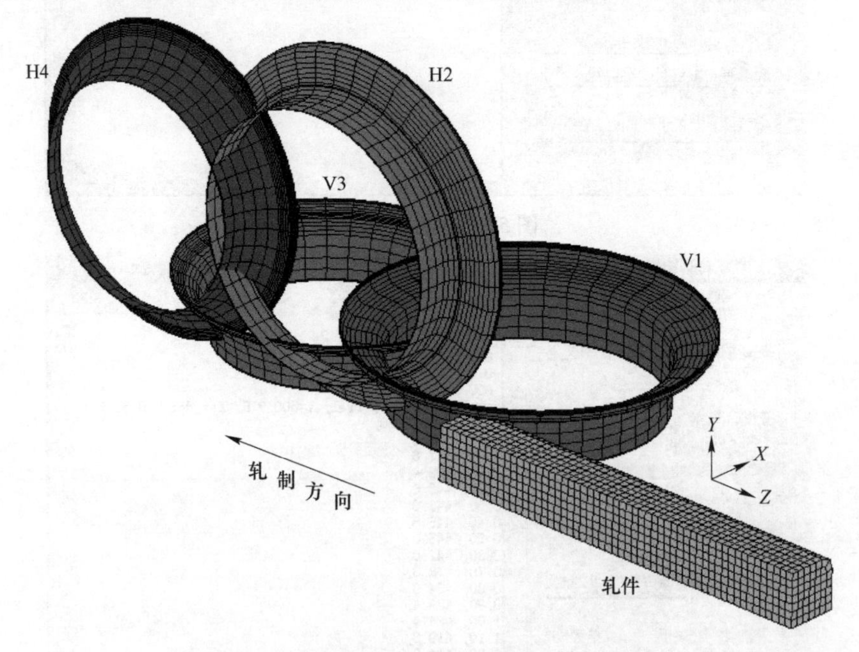

图 5.3 四道次连轧 ϕ200mm 大圆钢有限元模型

（扫描书前二维码看彩图）

在建立连轧有限元模型时，采用更新的 Lagrange 法描述的热力耦合的大变形弹塑性有限元模型和八节点六面体等参单元技术，材料的屈服准则采用 von Mises 准则，金属流动依据 Prandtl-Reuss 流动法则。为了减少计算时间并考虑到给予轧件在连轧机中能形成连续轧制过程同时兼顾计算时间，轧件长度要大于变形区长度和机架间距，两辊间距取为 250mm，轧件长度取为 990mm。

由于对称性，可取 1/4 轧件作为模拟仿真对象，在划分网格时沿轧件长度方向取 55 等份，每等份沿轧件横断面取 48 个单元，共采用了 2640 个单元和 3472 个节点，整个模拟过程在 HP 小型机上的 CPU 计算时间为 34h。

轧件定义为弹塑性变形体，轧辊作为刚性接触体定义，由于实际轧制过程在 1000℃的高温及较高的轧制力下进行，其摩擦边界条件宜采用剪切摩擦模型，这里摩擦因子取值为 $m = 0.7$。轧件材料的泊松比取 0.3，密度 7.75×10^{-9} Mg/mm^3。

传热条件主要考虑轧件与轧辊的接触传热以及轧件自由表面与环境的对流传热和辐射传热。

轧件与周围环境的对流和辐射换热的边界条件可统一写为下式：

$$q = -\lambda\left(\frac{\partial t}{\partial n}\right) = \alpha(t - t_{\infty}) \tag{5.1}$$

式中，t 为轧件表面温度；t_{∞} 为环境温度；α 为换热系数，换热系数 α 可写成对流换热系数 h 与等效辐射换热系数 h_r 之和，α 为 0.17kW/(m^2 · ℃)。

轧辊与轧件之间的接触热传导一般用接触热传导系数来简化处理两个固体之间的接触传热问题。接触传热边界条件可用式（5.2）表示。接触热传导系数不仅与界面的表面状况有关，而且取决于接触压力的大小。

$$q = h_c(t - t_d) \tag{5.2}$$

式中，h_c 为接触热传导系数；t，t_d 为轧件和轧辊表面温度；轧件与轧辊的接触传热系数取为 20kW/(m^2 · ℃)。

另外金属变形会产生变形热，热功转换系数取为 0.9。另外，轧辊和轧件接触表面的摩擦也会产生热，该部分热量可平均分配至轧件和轧辊。

5.3.3 模拟仿真结果分析

5.3.3.1 连轧各阶段变形特点

如图 5.4 所示，当增量步为 10 步时开始在 V1 机架咬入，这时轧件的两个侧面首先与 V1 箱形孔型槽底接触而产生变形，190 步时在 H2 机架开始咬入，370 步时在 V3 机架开始咬入，580 步时在 H4 机架开始咬入，650~930 步轧件在四个机架（V1、H2、V3、H4）上实现稳定的四道次连续轧制过程，到1060步时轧件尾部从V1机架抛出，在1250步轧件尾部从H2机架抛出，在1390步轧件尾部从V3机架抛出，到1520步时轧件尾部从H4机架抛出从而结束整个轧制过程。

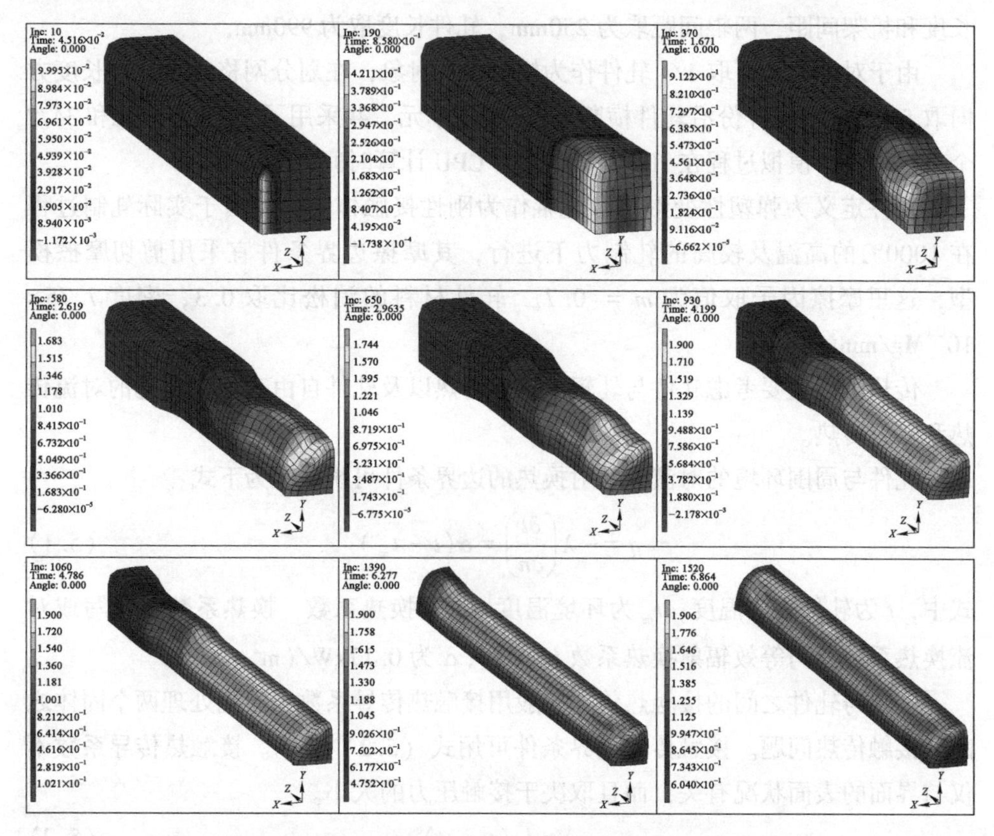

图5.4 四道次连轧 ϕ200mm 芯棒钢各阶段轧件的总等效塑性应变

（扫描书前二维码看彩图）

5.3.3.2 连轧过程力能参数变化

图5.5和图5.6分别为连轧1/4轧件的轧制力和轧制力矩随增量步变化的曲线，从图中可见，轧制力和轧制力矩具有类似的变化趋势。从轧制力和力矩的变化情况可知，在四道次连轧时，V1和H2之间以及V3和H4之间存在轻微的堆钢，而H2和V3之间存在轻微拉钢。

5.3.3.3 轧辊应力计算和强度校验

根据图5.5和图5.6可得四道次连轧 ϕ200mm 圆钢各道次轧制力和力矩的最大值，见表5.1和图5.7。

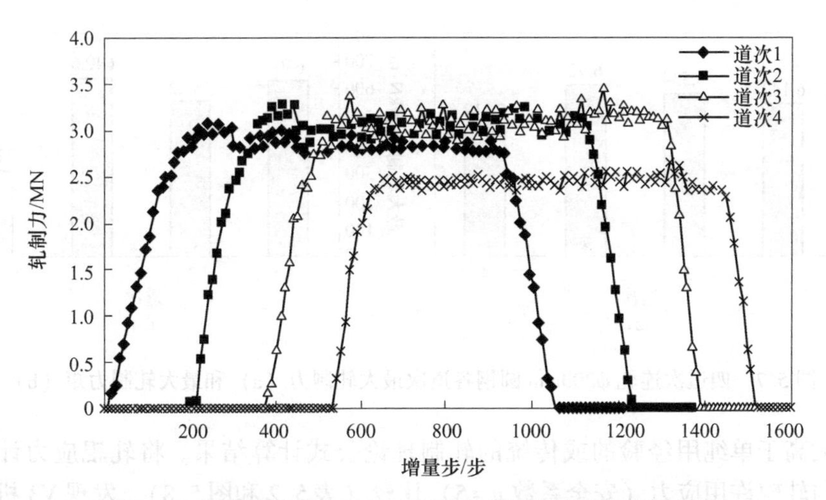

图 5.5 四道次连轧 φ200mm 芯棒钢各道次轧制力变化曲线

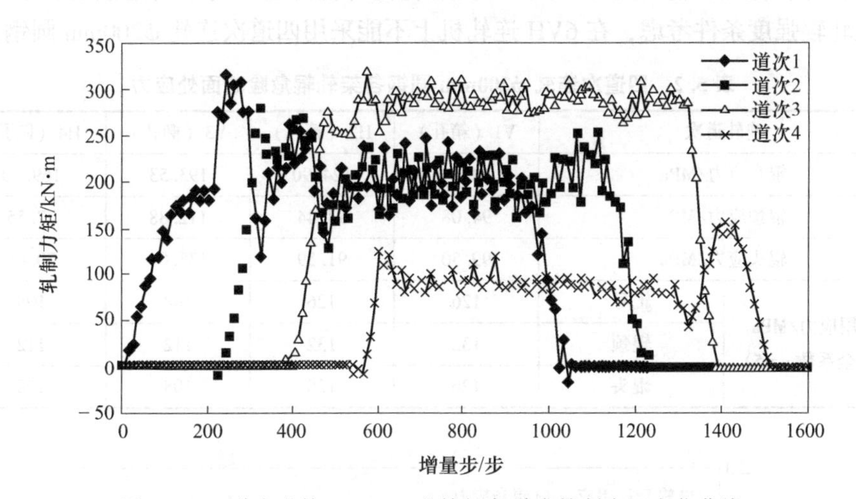

图 5.6 四道次连轧 φ200mm 芯棒钢各道次轧制力矩变化曲线

表 5.1 四道次连轧 φ200mm 圆钢各道次轧制力和力矩最大值

连轧道次		V1（箱孔）	H2（箱孔）	V3（椭孔）	H4（圆孔）
力/$\times 10^6$N	轧制力	6.142	6.534	6.920	5.312
力矩/$\times 10^8$N · mm	轧辊轴向力矩	6.300	5.572	6.406	3.118
	轧辊径向力矩	0.585	1.707	1.525	1.450

可用表 5.1 和图 5.7 中轧制力和轧制力矩的最大值计算轧辊（包括辊身、辊颈和辊头）的危险断面处的应力，计算方法参见本书第 4.5 节的式（4.27）~式（4.32）。由于是根据模拟仿真得到的轧制力和力矩结果，轧辊应力计算精度显然

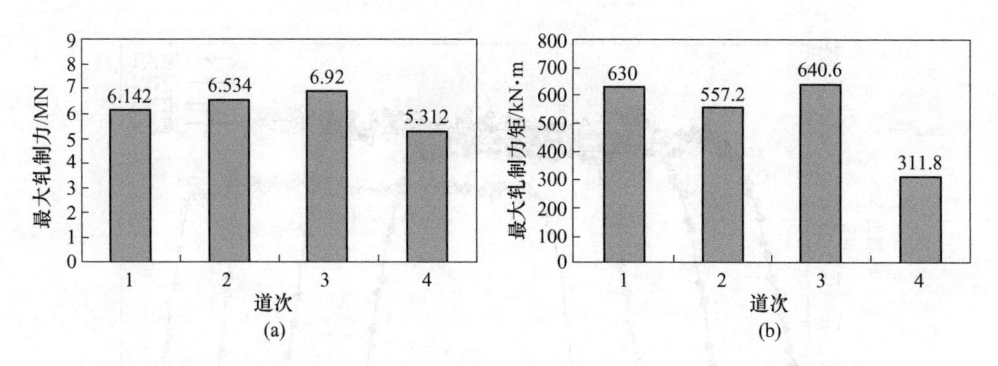

图 5.7 四道次连轧 ϕ200mm 圆钢各道次最大轧制力（a）和最大轧制力矩（b）

要大大高于单纯用经验的或传统的轧制理论公式计算结果。将轧辊应力计算结果，与轧辊许用应力（安全系数 $n=5$）比较（表 5.2 和图 5.8），发现 V3 机架轧辊的辊身、辊颈和辊头应力以及 H4 机架轧辊的辊身应力均不满足强度要求。因此从轧辊强度条件考虑，在 6VH 连轧机上不能采用四道次连轧 ϕ200mm 圆钢。

表 5.2 四道次连轧 ϕ200mm 圆钢各架轧辊危险断面处应力

连轧道次		V1（箱孔）	H2（箱孔）	V3（椭孔）	H4（圆孔）
辊身应力/MPa		120.98	124.90	193.53	169.10
辊颈应力/MPa		94.08	94.44	112.88	77.55
辊头应力/MPa		99.50	91.59	135.00	70.45
许用应力/MPa（安全系数 $n=5$）	辊身	126	126	108	108
	辊颈	132	132	112	112
	辊头	126	126	108	108

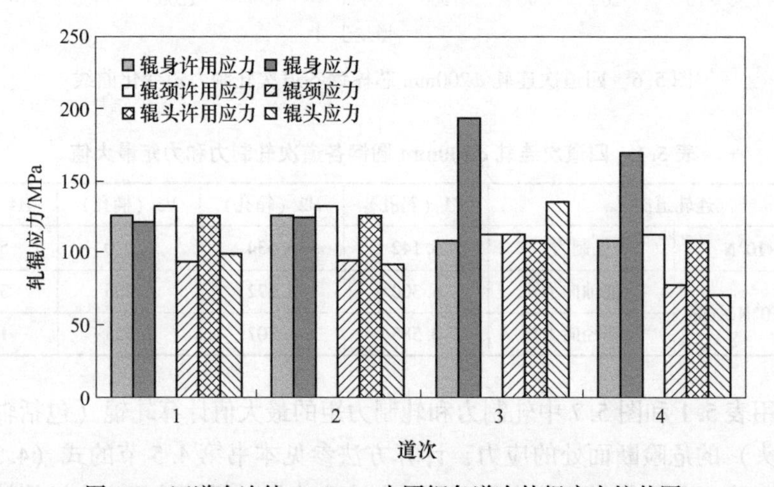

图 5.8 四道次连轧 ϕ200mm 大圆钢各道次轧辊应力柱状图

5.4 ϕ200mm 芯棒钢三道次连轧

5.4.1 轧制初始条件

轧制芯棒钢时，进 1 号初轧机的钢锭断面尺寸为 617mm×824mm，长度为 2950mm，质量为 10.3t，经过 2 台初轧机轧制成断面尺寸为 236mm×236mm、圆角为 30mm、长度为 26928mm 的中间方坯。

在 6VH 热连轧机上完成三道次连轧 ϕ200mm 圆钢的孔型系统选择为“箱孔（V1）、椭孔（H2）、圆孔型（V3）”。前两道次轧辊直径均为 800mm，末道次轧辊直径为 700mm，末道次轧件速度为 480mm/s，机架间距为 5500mm。轧件材质为 H11 热作模具钢，连轧前轧件初始温度设定为 1000℃。

5.4.2 有限元模型及其边界条件

在 MSC. Marc 的 Mentat 前处理器中，根据热力耦合大变形弹塑性有限元方法建造轧件以及各机架轧辊等接触体的三维有限元模型，如图 5.9 所示。

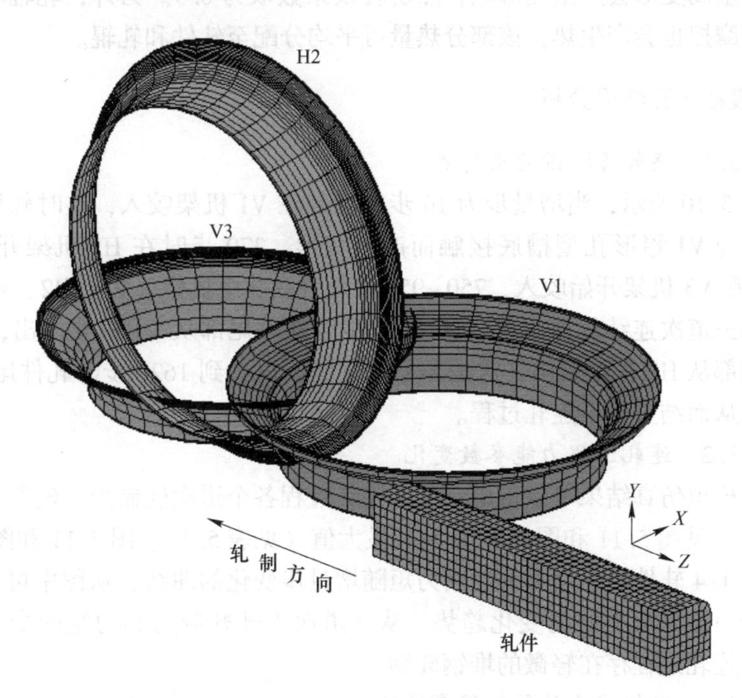

图 5.9 三道次连轧 ϕ200mm 大圆钢有限元模型
（扫描书前二维码看彩图）

在此采用更新的 Lagrange 法描述的热力耦合的大变形弹塑性有限元模型和八节点六面体等参数单元技术，材料的屈服准则采用 von Mises 准则，金属流动依据 Prandtl-Reuss 流动法则。为了减少计算时间并考虑到给予轧件在连轧机中能形成连续轧制过程，轧件长度要大于变形区长度和机架间距，两辊间距取为 250mm，轧件长度取为 748mm。

由于对称性，可取 1/4 轧件作为模拟仿真对象，在模拟时沿轧件长度方向取 44 等份，每等份沿轧件横断面取 48 个单元，共采用了 2112 个单元和 2790 个节点。

轧件定义为弹塑性变形体，轧辊作为刚性接触体定义，由于实际轧制过程在 1000℃的高温及较高的轧制力下进行，其摩擦边界条件宜采用恒摩擦因子的剪切摩擦模型，这里摩擦因子取值为 $m = 0.7$。轧件材料的泊松比取 0.3，密度 $7.75\times10^{-9}\mathrm{Mg/mm^3}$。

在确定传热边界条件时主要考虑轧件与周围环境的对流和辐射换热以及轧件和轧辊孔型接触时的热传导。包含对流和辐射的等效换热系数取 $0.17\mathrm{kW/(m^2 \cdot ℃)}$，轧件与轧辊的接触热传导系数取 $20\mathrm{kW/(m^2 \cdot ℃)}$。

另外金属变形会产生变形热，热功转换系数取为 0.9。另外，轧辊和轧件接触表面的摩擦也会产生热，该部分热量可平均分配至轧件和轧辊。

5.4.3 模拟仿真结果分析

5.4.3.1 连轧各阶段变形特点

如图 5.10 所示，当增量步为 10 步时已经在 V1 机架咬入，这时轧件的两个侧面首先与 V1 箱形孔型槽底接触而产生变形，370 步时在 H2 机架开始咬入，610 步时在 V3 机架开始咬入，750~950 步轧件在 3 个机架（V1、H2、V3）上实现稳定的三道次连续轧制过程，到 1180 步时轧件尾部从 V1 机架抛出，在 1420 步轧件尾部从 H2 机架抛出，这是非稳态轧制阶段；到 1620 步时轧件尾部从 V3 机架抛出从而结束整个连轧过程。

5.4.3.2 连轧过程力能参数变化

根据模拟仿真结果可以得出三道次连轧过程各个道次轧制力、轧制力矩的动态变化值（见图 5.11 和图 5.12）及其最大值（见表 5.3）。图 5.11 和图 5.12 分别为连轧 1/4 轧件的轧制力和轧制力矩随增量步变化的曲线，从图中可见，轧制力和轧制力矩具有类似的变化趋势。从三道次连轧轧制力和力矩的变化情况可知，整个连轧过程存在轻微的堆钢轧制。

5.4.3.3 轧辊应力计算和强度校验

根据图 5.11 和图 5.12 可知三道次连轧 ϕ200mm 圆钢各道次轧制力和力矩的最大值，见表 5.3。

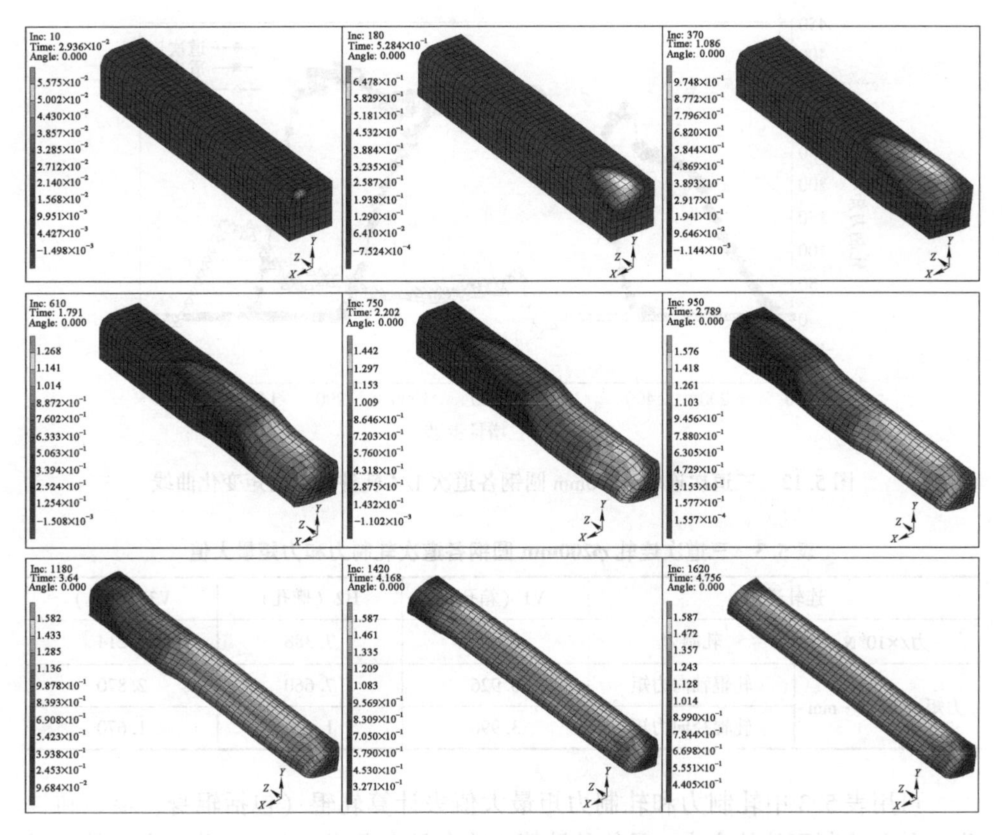

图 5.10 三道次连轧 ϕ200mm 圆钢各阶段轧件的总等效塑性应变

（扫描书前二维码看彩图）

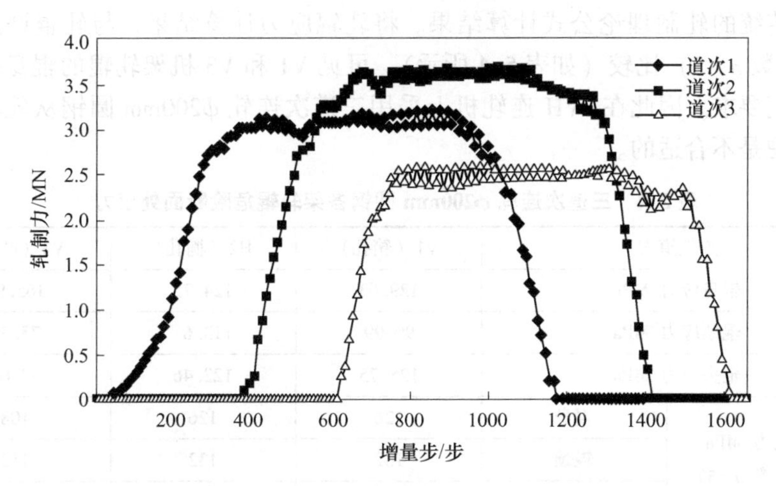

图 5.11 三道次连轧 ϕ200mm 圆钢各道次 1/4 轧件轧制力变化曲线

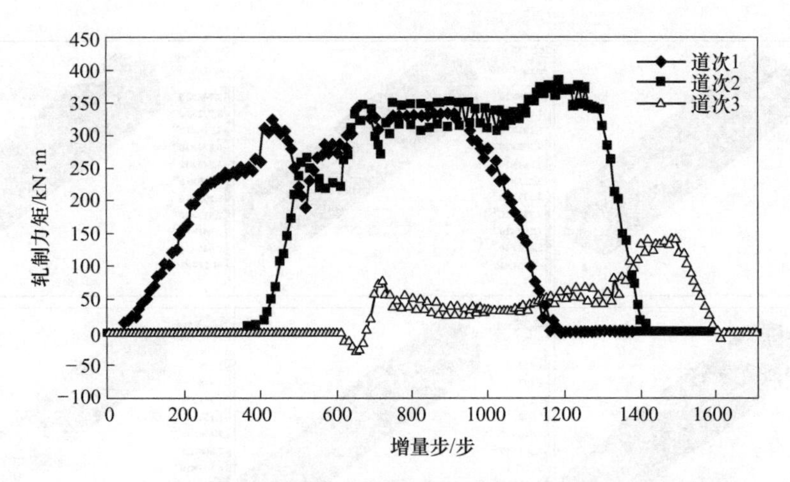

图 5.12 三道次连轧 ϕ200mm 圆钢各道次 1/4 轧件轧制力矩变化曲线

表 5.3 三道次连轧 ϕ200mm 圆钢各道次轧制力和力矩最大值

连轧道次		V1（箱孔）	H2（椭孔）	V3（圆孔）
力/$\times 10^6$N	轧制力	6.400	7.388	5.214
力矩/$\times 10^8$N · mm	轧辊轴向力矩	6.926	7.660	2.870
	轧辊径向力矩	3.996	1.426	1.670

可用表 5.3 中轧制力和轧制力矩最大值去计算轧辊（包括辊身、辊颈和辊头）的危险断面处的应力，具体的计算方法参见本文第 4 章 4.5 节。由于是根据模拟仿真得到的轧制力和力矩结果，轧辊应力计算精度显然要大大高于单纯用经验的或传统的轧制理论公式计算结果。将轧辊应力计算结果，与轧辊许用应力（安全系数 $n=5$）比较（如表 5.4 所示），可见 V1 和 V3 机架轧辊的辊身应力不满足强度要求。因此在 6VH 连轧机上采用三道次连轧 ϕ200mm 圆钢从轧辊强度要求考虑是不合适的。

表 5.4 三道次连轧 ϕ200mm 圆钢各架轧辊危险断面处应力

连轧道次		V1（箱孔）	H2（椭孔）	V3（圆孔）
辊身应力/MPa		129.63	124.75	165.98
辊颈应力/MPa		99.99	113.61	75.35
辊头应力/MPa		125.75	122.46	68.07
许用应力/MPa（安全系数 $n=5$）	辊身	126	126	108
	辊颈	132	132	112
	辊头	126	126	108

5.5 ϕ200mm 芯棒钢两道次连轧

5.5.1 轧制初始条件

轧制芯棒钢时，进 1 号初轧机的钢锭断面尺寸为 617mm×824mm，长度为 2950mm，质量为 10.3t，经过 2 台初轧机轧制成断面尺寸为 216mm×216mm、圆角为 30mm、长度为 32145mm 的中间方坯。

在 6VH 热连轧机上完成两道次连轧 ϕ200mm 圆钢的孔型系统选择为“椭圆（V1）、圆孔型（H2）”，孔型尺寸见附录中的图 1。两道次轧辊直径均为 800mm，末道次（H2）轧件速度为 480mm/s，机架间距为 5500mm。轧件材质为 H11 热作模具钢，连轧前轧件初始温度设定为 990℃。

5.5.2 有限元模型及其边界条件

在 MSC. Marc 的 Mentat 前处理器中，根据热力耦合大变形弹塑性有限元方法建造轧件以及各机架轧辊等接触体的三维有限元模型，如图 5.13 所示。

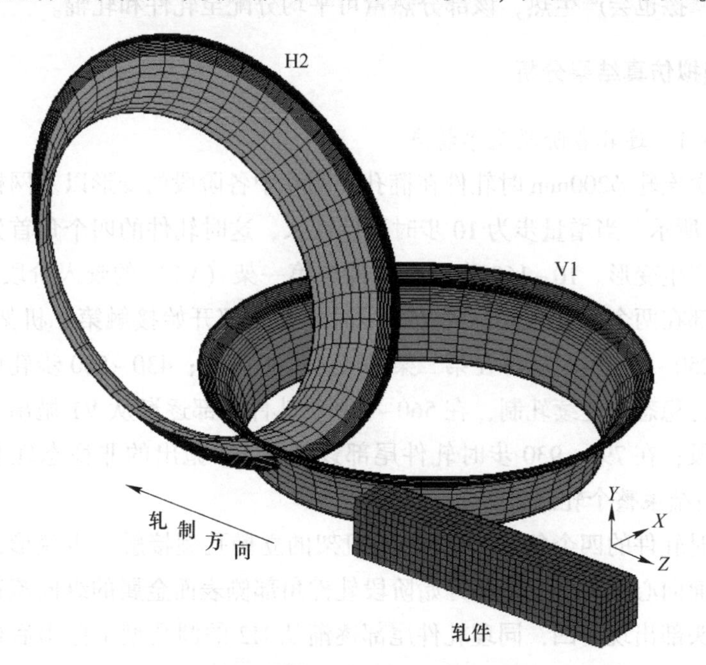

图 5.13 两道次连轧 ϕ200mm 大圆钢有限元模型

（扫描书前二维码看彩图）

在此采用更新的 Lagrange 法描述的热力耦合的大变形弹塑性有限元模型和八

节点六面体等参单元技术，材料的屈服准则采用 von Mises 准则，金属流动依据 Prandtl-Reuss 流动法则。考虑到给予轧件在连轧机中能形成连续轧制过程同时兼顾计算时间，轧件长度要大于变形区长度和机架间距，两辊间距取为 250mm，轧件长度取为 540mm。由于对称性，可取 1/4 轧件作为模拟仿真对象，在模拟时沿长度方向等分 40 等份，轧件横断面取 62 个单元，共采用 2480 单元和 3198 个节点。

轧件定义为弹塑性变形体，轧辊作为刚性接触体定义，由于实际轧制过程在 990℃的高温及较高的轧制力下进行，其摩擦边界条件宜采用恒摩擦因子的剪切摩擦模型，这里摩擦因子取值为 $m=0.7$。轧件材料的泊松比取 0.3，密度 $7.75\times10^{-9}Mg/mm^3$。

在确定传热边界条件时主要考虑轧件与周围环境的对流和辐射换热以及轧件和轧辊孔型接触时的热传导。包含对流和辐射的等效换热系数取 0.17kW/(m^2 · ℃)，轧件与轧辊的接触热传导系数取 20kW/(m^2 · ℃)。

另外金属变形会产生变形热，热功转换系数取为 0.9。另外，轧辊和轧件接触表面的摩擦也会产生热，该部分热量可平均分配至轧件和轧辊。

5.5.3 模拟仿真结果分析

5.5.3.1 连轧各阶段变形特点

两道次连轧 ϕ200mm 时轧件在椭孔和圆孔中各阶段的变形以及网格畸变情况如图 5.14 所示。当增量步为 10 步时开始咬入，这时轧件的四个角首先与立椭孔型接触而产生变形。10~160 步时是轧件在第一架（V1）的咬入阶段，160~250 步轧件头部在两个机架之间；到 250 步时轧件头部开始接触第二机架（H2）的圆孔型，250~370 步时轧件在第二架的咬入变形阶段；430~560 步轧件同时在两机架上进行稳态的连续轧制，在 560~720 步轧件尾部逐渐从 V1 抛出，这是非稳态轧制阶段；在 790~930 步时轧件尾部逐渐从 H2 抛出的非稳态轧制阶段，到 930 步以后结束整个轧制过程。

开轧时轧件的四个角部首先与 V1 机架的立椭孔型接触产生变形，此种变形逐渐由表面向心部渗透，因此开始阶段轧件角部侧表面金属的纵向流速大于心部导致轧件头部出现内凹，同理轧件尾部逐渐从 H2 的圆孔型中抛出后也会导致轧件尾部出现类似的内凹，如图 5.14 所示。这类头部和尾部的内凹缺陷可通过增大进 V1 机架椭孔前坯料断面的圆角来缓解。

从模拟结果可见轧制结束后轧件头部和尾部沿宽度方向均出现增宽现象（又称鱼尾），如图 5.14 所示，这与现场实际观测相一致。这是由于轧件头部和尾部

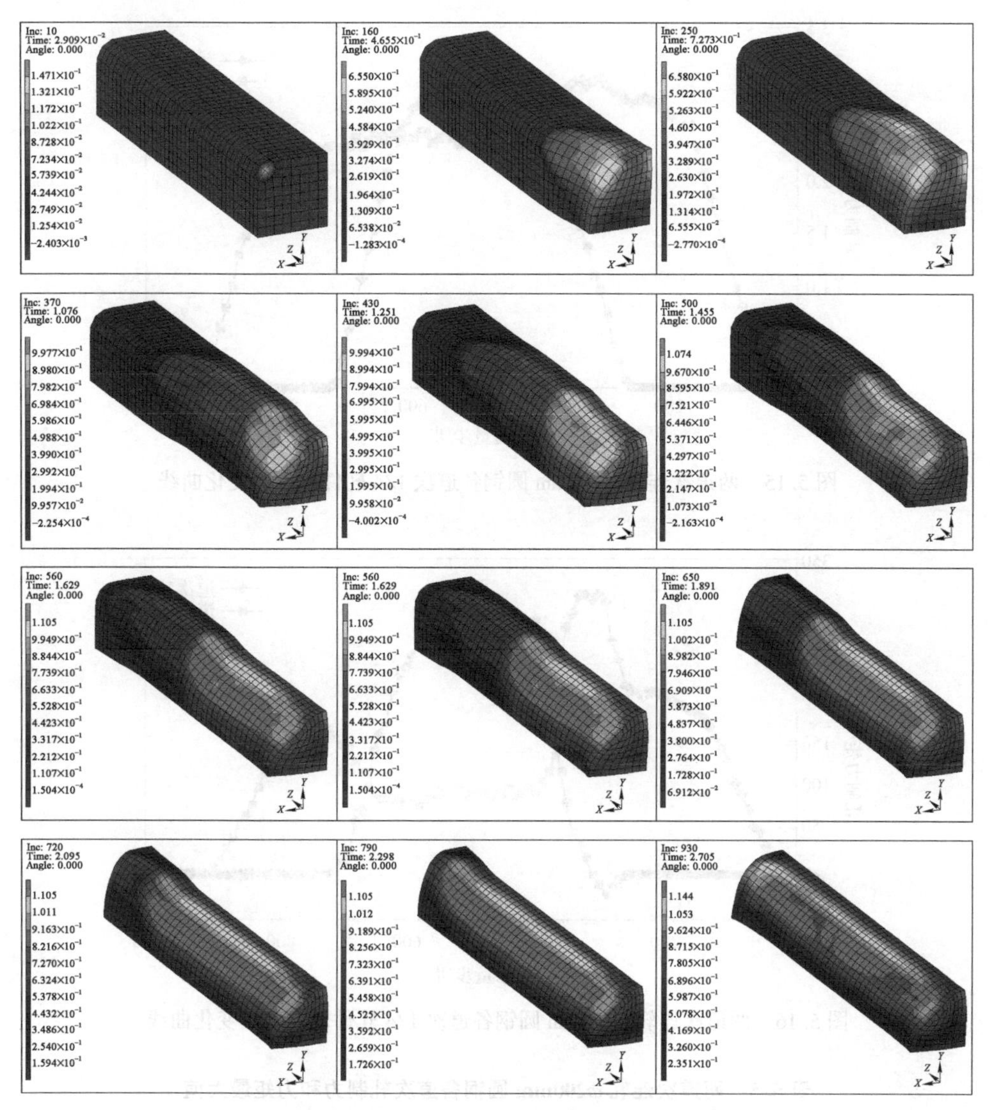

图 5.14 两道次连轧 ϕ200mm 圆钢各阶段轧件的总等效塑性应变

（扫描书前二维码看彩图）

在成品孔型辊缝处形成的自由宽展所致。

5.5.3.2 连轧过程力能参数变化

根据模拟仿真结果可以得出两道次连轧过程各个道次轧制力、轧制力矩随增量步的变化值（见图 5.15 和图 5.16）及其最大值（见表 5.5）。从图 5.15 和图 5.16 可见，轧制力和轧制力矩具有类似的变化趋势。从两道次连轧轧制力和力矩的变化情况可知，整个连轧过程存在轻微的堆钢轧制。

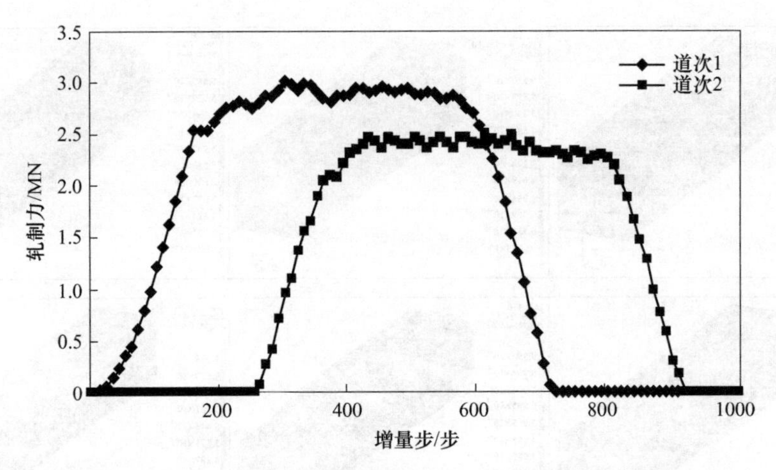

图 5.15 两道次连轧 ϕ200mm 圆钢各道次 1/4 轧件轧制力变化曲线

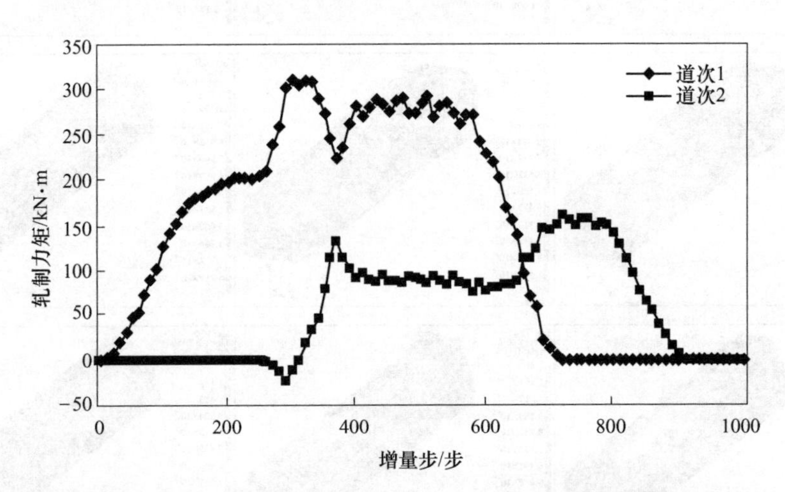

图 5.16 两道次连轧 ϕ200mm 圆钢各道次 1/4 轧件轧制力矩变化曲线

表 5.5 两道次连轧 ϕ200mm 圆钢各道次轧制力和力矩最大值

连轧道次		V1（椭孔）	H2（圆孔）
力/$\times 10^6$N	轧制力	6.022	5.006
力矩/$\times 10^8$N·mm	轧辊轴向力矩	6.200	3.186
	轧辊径向力矩	1.526	1.470

5.5.3.3 轧辊应力计算和强度校验

可用表 5.5 中轧制力和轧制力矩最大值去计算轧辊（包括辊身、辊颈和辊头）的危险断面处的应力，具体的计算方法参见本文第 4 章 4.5 节。将轧辊应力计算结果，与轧辊许用应力（安全系数 $n=5$）比较（如表 5.6 所示），可见 V1

和 H2 机架轧辊的辊身、辊颈、辊头应力均小于许用应力。因此在 6VH 连轧机上选用两道次连轧 ϕ200mm 圆钢从轧辊强度考虑是合适的。

表 5.6 两道次连轧 ϕ200mm 圆钢各架轧辊危险断面处应力

连轧道次		V1（椭孔）	H2（圆孔）
辊身应力/MPa		107.74	94.22
辊颈应力/MPa		92.37	67.80
辊头应力/MPa		100.41	55.15
许用应力/MPa（安全系数 $n=5$）	辊身	126	126
	辊颈	132	132
	辊头	126	126

5.6 ϕ210mm 芯棒钢两道次连轧

5.6.1 轧制初始条件

轧制芯棒钢时，进 1 号初轧机的钢锭断面尺寸为 617mm×824mm，长度为 2950mm，质量为 10.3t，经过 2 台初轧机轧制成断面尺寸为 227.3mm×227.3mm、圆角为 30mm、长度为 29029mm 的中间方坯。

在 6VH 热连轧机上完成两道次连轧 ϕ210mm 圆钢的孔型系统选择为“椭圆（V1）、圆孔型（H2）”。两道次轧辊直径均为 800mm，末道次（H2）轧件速度为 440mm/s，机架间距为 5500mm。轧件材质为 H11 热作模具钢，连轧前轧件初始温度设定为 990℃。

5.6.2 有限元模型及其边界条件

在 MSC. Marc 的 Mentat 前处理器中，根据热力耦合大变形弹塑性有限元方法建造轧件以及各机架轧辊等接触体的三维有限元模型，如图 5.17 所示。

在此采用更新的 Lagrange 法描述的热力耦合的大变形弹塑性有限元模型和八节点六面体等参单元技术，材料的屈服准则采用 von Mises 准则，金属流动依据 Prandtl-Reuss 流动法则。为了减少计算时间，并考虑到给予轧件在连轧机中能形成连续轧制过程同时兼顾计算时间，轧件长度要大于变形区长度和机架间距，两辊间距取为 250mm，轧件长度取为 568mm。由于对称性，可取 1/4 轧件作为模拟仿真对象，在模拟时沿长度方向等分 40 等份，轧件横断面取 63 个单元，共采用了 2520 个单元和 3239 个节点。

轧件定义为弹塑性变形体，轧辊作为刚性接触体定义，由于实际轧制过程在

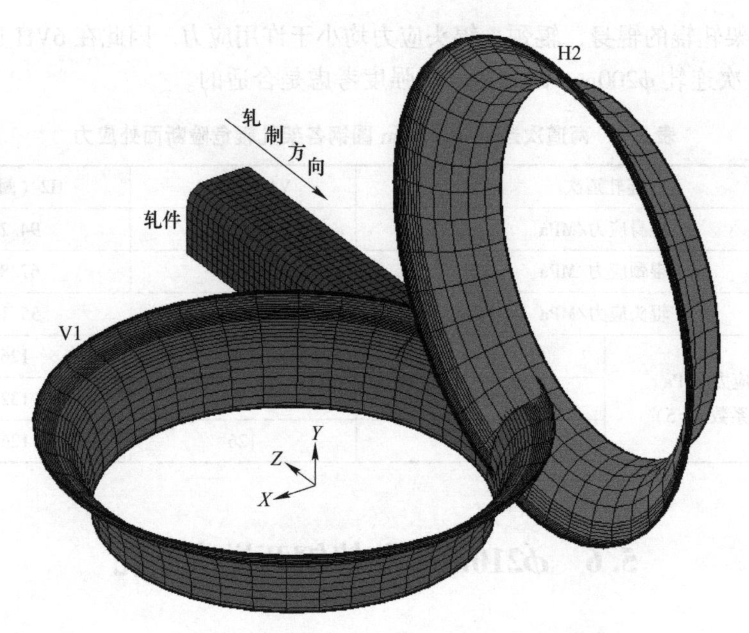

图 5.17 两道次连轧 ϕ210mm 大圆钢有限元模型

（扫描书前二维码看彩图）

990℃的高温及较高的轧制力下进行，其摩擦边界条件宜采用恒摩擦因子的剪切摩擦模型，这里摩擦因子取值为 $m=0.7$。轧件材料的泊松比取 0.3，密度 7.75×10^{-9}Mg/mm^3。

在确定传热边界条件时主要考虑轧件与周围环境的对流和辐射换热以及轧件和轧辊孔型接触时的热传导。包含对流和辐射的等效换热系数取 0.17kW/(m^2·℃)，轧件与轧辊的接触热传导系数取 20kW/(m^2·℃)。

另外金属变形会产生变形热，热功转换系数取为 0.9。另外，轧辊和轧件接触表面的摩擦也会产生热，该部分热量可平均分配至轧件和轧辊。

5.6.3 模拟仿真结果分析

5.6.3.1 连轧各阶段变形特点

两道次连轧 ϕ210mm 时轧件在椭孔和圆孔中各阶段的变形以及网格畸变情况如图 5.18 所示。当增量步为 10 步时开始咬入，这时轧件的四个角首先与立椭孔型接触而产生变形。10~180 步时是轧件在第一架（V1）的咬入阶段，180~260 步轧件头部在两个机架之间；到 260 步时轧件头部开始接触第二机架（H2）的圆孔型，260~400 步时轧件在第二架的咬入变形阶段；450~630 步轧件同时在两机架上进行稳定的连续轧制，在 630~790 步轧件尾部逐渐从 V1 抛出，这是非稳态轧制阶段，在 790~860 步轧件尾部在两个机架之间；在 860~1010 步时轧件尾部逐渐从 H2 抛出，这是非稳态轧制阶段，到 1010 步以后结束整个轧制过程。

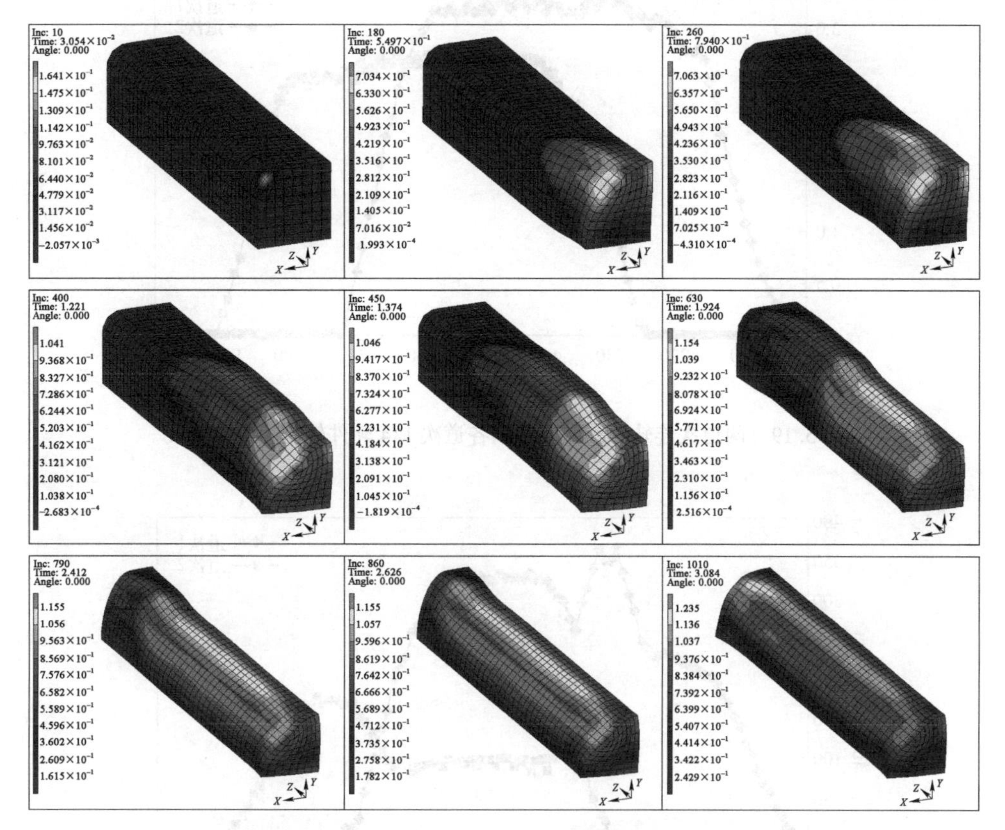

图 5.18 两道次连轧 ϕ210mm 圆钢各阶段轧件的总等效塑性应变

（扫描书前二维码看彩图）

5.6.3.2 连轧过程力能参数变化

根据模拟仿真结果可以得出两道次连轧 ϕ210mm 圆钢各个道次轧制力、轧制力矩随增量步的变化值（见图 5.19 和图 5.20）及其最大值（见表 5.7）。从中可见，轧制力和轧制力矩具有类似的变化趋势。从 ϕ210mm 圆钢两道次连轧过程轧制力和力矩的变化情况可知，整个连轧过程存在轻微的堆钢轧制。

表 5.7 两道次连轧 ϕ210mm 圆钢各道次轧制力和力矩最大值

连轧道次		V1（椭孔）	H2（圆孔）
力/$\times10^6$N	轧制力	6.588	5.424
力矩/$\times10^8$N · mm	轧辊轴向力矩	7.300	3.508
	轧辊径向力矩	1.710	1.532

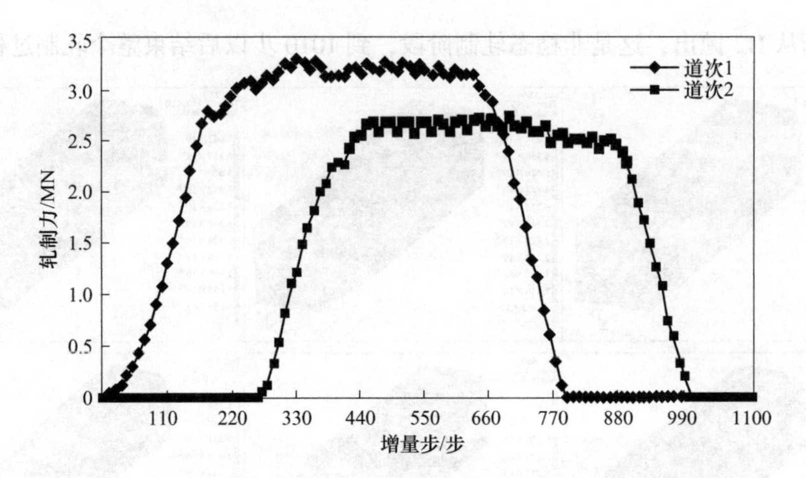

图 5.19 两道次连轧 ϕ210mm 圆钢各道次 1/4 轧件轧制力变化曲线

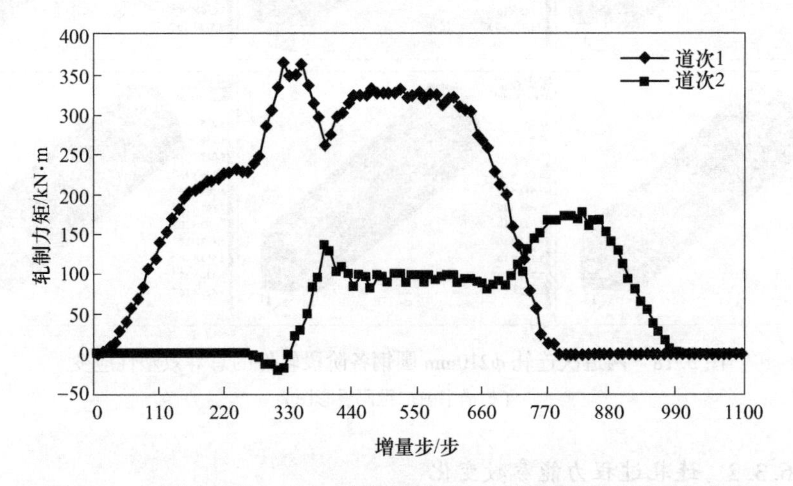

图 5.20 两道次连轧 ϕ210mm 圆钢各道次 1/4 轧件轧制力矩变化曲线

5.6.3.3 轧辊应力计算和强度校验

可用表 5.7 中轧制力和轧制力矩最大值去计算轧辊（包括辊身、辊颈和辊头）的危险断面处的应力，见表 5.8。将轧辊应力计算结果，与轧辊许用应力（安全系数 $n=5$）比较（如表 5.8 所示），可见 V1 和 H2 机架轧辊的辊身、辊颈、辊头应力均小于许用应力。因此在 6VH 连轧机上选用两道次连轧 ϕ210mm 圆钢从轧辊强度要求考虑是适宜的。

表 5.8 两道次连轧 ϕ210mm 圆钢各道次轧辊危险断面处应力

连轧道次	V1（椭孔）	H2（圆孔）
辊身应力/MPa	123.38	107.36

续表 5.8

连轧道次		V1（椭孔）	H2（圆孔）
辊颈应力/MPa		103.86	73.67
辊头应力/MPa		117.91	60.16
许用应力/MPa（安全系数 $n=5$）	辊身	126	126
	辊颈	132	132
	辊头	126	126

5.7 ϕ220mm 芯棒钢两道次连轧

5.7.1 轧制初始条件

轧制芯棒钢时，进 1 号初轧机的钢锭断面尺寸为 617mm×824mm，长度为 2950mm，质量为 10.3t，经过 2 台初轧机轧制成断面尺寸为 238mm×238mm、圆角为 30mm、长度为 26477mm 的中间方坯。

在 6VH 热连轧机上完成两道次连轧 ϕ220mm 圆钢的孔型系统选择为“椭圆（V1）、圆孔型（H2）”。两道次轧辊直径均为 800mm，末道次（H2）轧件速度为 400mm/s，机架间距为 5500mm。轧件材质为 H11 热作模具钢，连轧前轧件初始温度设定为 990℃。

5.7.2 有限元模型及其边界条件

在 MSC. Marc 的 Mentat 前处理器中，根据热力耦合大变形弹塑性有限元方法建造轧件以及各机架轧辊等接触体的三维有限元模型，如图 5.21 所示。

在此采用更新的 Lagrange 法描述的热力耦合的大变形弹塑性有限元模型和八节点六面体等参单元技术，材料的屈服准则采用 von Mises 准则，金属流动依据 Prandtl-Reuss 流动法则。为了减少计算时间，并考虑到给予轧件在连轧机中能形成连续轧制过程同时兼顾计算时间，轧件长度要大于变形区长度和机架间距，两辊间距取为 250mm，轧件长度取为 595mm。由于对称性，可取 1/4 轧件作为模拟仿真对象，在模拟时沿长度方向等分 40 等份，轧件横断面取 63 个单元，共采用了 2520 个单元和 3239 个节点。

轧件定义为弹塑性变形体，轧辊作为刚性接触体定义，由于实际轧制过程在 990℃的高温及较高的轧制力下进行，其摩擦边界条件宜采用恒摩擦因子的剪切摩擦模型，这里摩擦因子取值为 $m=0.7$，摩擦因子取 $m=0.7$。轧件材料的泊松

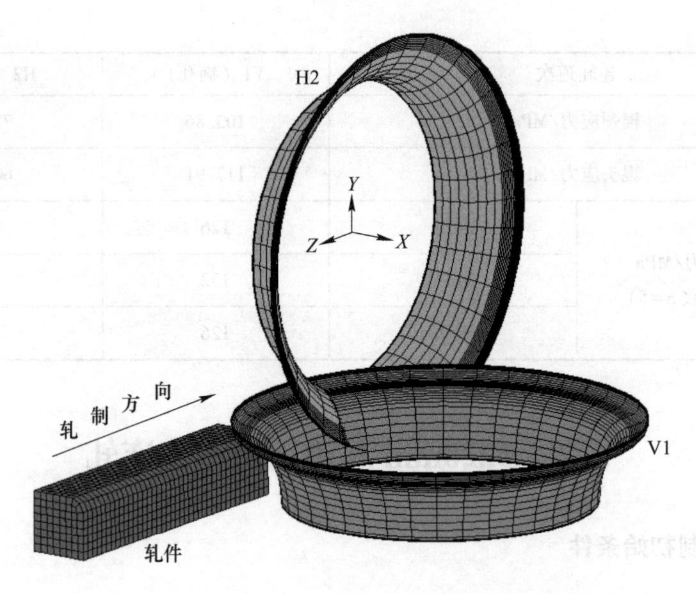

图 5.21 两道次连轧 ϕ220mm 大圆钢有限元模型
（扫描书前二维码看彩图）

比取 0.3，密度 7.75×10^{-9}Mg/mm^3。

在确定传热边界条件时主要考虑轧件与周围环境的对流和辐射换热以及轧件和轧辊孔型接触时的热传导。包含对流和辐射的等效换热系数取 0.17kW/(m^2·℃)，轧件与轧辊的接触热传导系数取 20kW/(m^2·℃)。

另外金属变形会产生变形热，热功转换系数取为 0.9。另外，轧辊和轧件接触表面的摩擦也会产生热，该部分热量可平均分配至轧件和轧辊。

5.7.3 模拟仿真结果分析

5.7.3.1 连轧各阶段变形特点

两道次连轧 ϕ220mm 时轧件在椭孔和圆孔中各阶段的变形以及网格畸变情况如图 5.22 所示。当增量步为 10 步时开始咬入，这时轧件的四个角首先与立椭孔型接触而产生变形。10~240 步时是轧件在第一架（V1）的咬入阶段，240~300 步轧件头部在两个机架之间；到 300 步时轧件头部开始接触第二机架（H2）的圆孔型，300~450 步时轧件在第二架的咬入变形阶段；490~730 步轧件同时在两机架上进行稳定的连续轧制，在 730~930 步轧件尾部逐渐从 V1 抛出，这是非稳态轧制阶段，在 930~1000 步轧件尾部在两个机架之间；在 1000~1160 步时轧件尾部逐渐从 H2 抛出，这是非稳态轧制阶段，到 1160 步以后结束整个轧制过程。

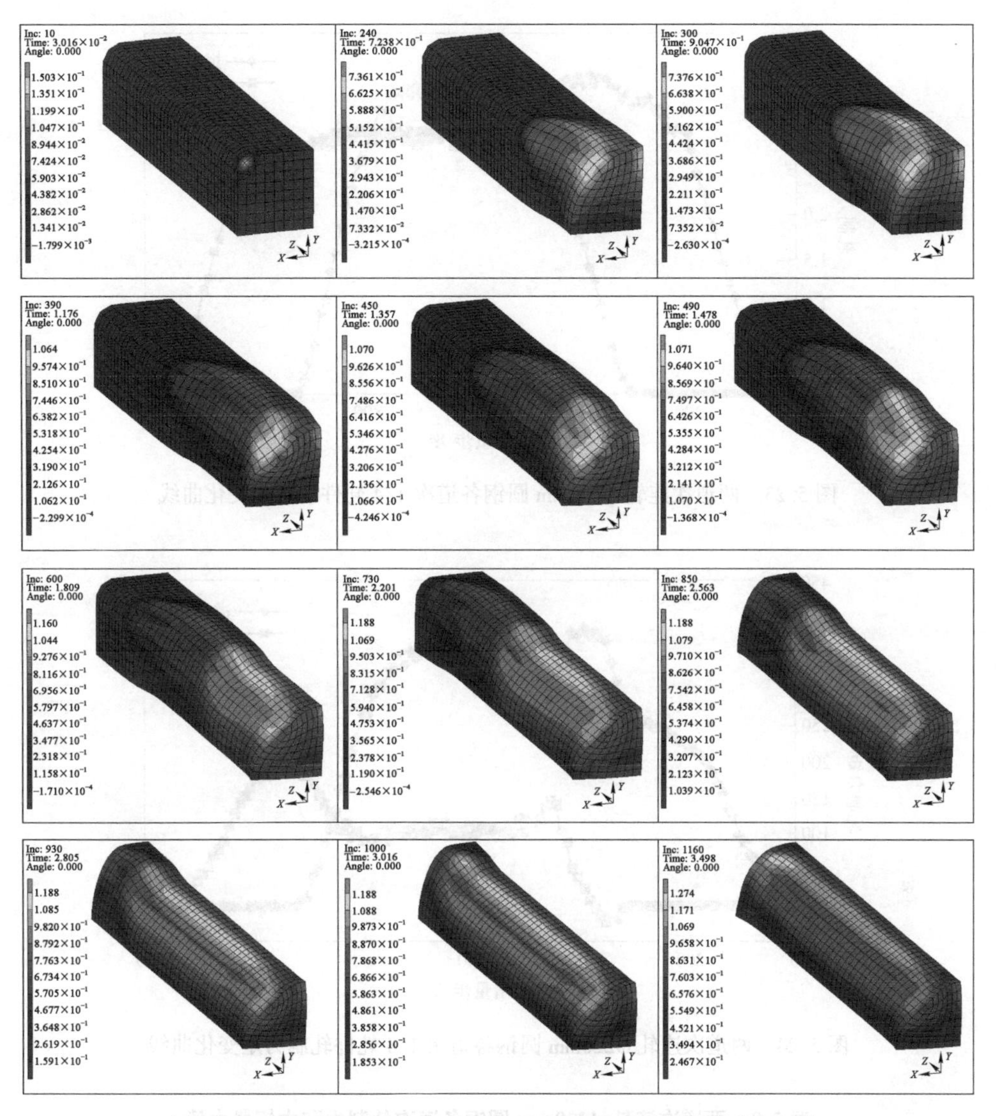

图 5.22　两道次连轧 ϕ220mm 圆钢各阶段轧件的总等效塑性应变

（扫描书前二维码看彩图）

5.7.3.2　连轧过程力能参数变化

根据模拟仿真结果可以得出两道次连轧 ϕ220mm 圆钢各个道次轧制力、轧制力矩随增量步的变化值（见图 5.23 和图 5.24）及其最大值（见表 5.9）。从图 5.23 和图 5.24 中可见，轧制力和轧制力矩具有类似的变化趋势。从 ϕ220mm 圆钢两道次连轧过程轧制力和力矩的变化情况可知，整个连轧过程存在轻微的堆钢轧制。

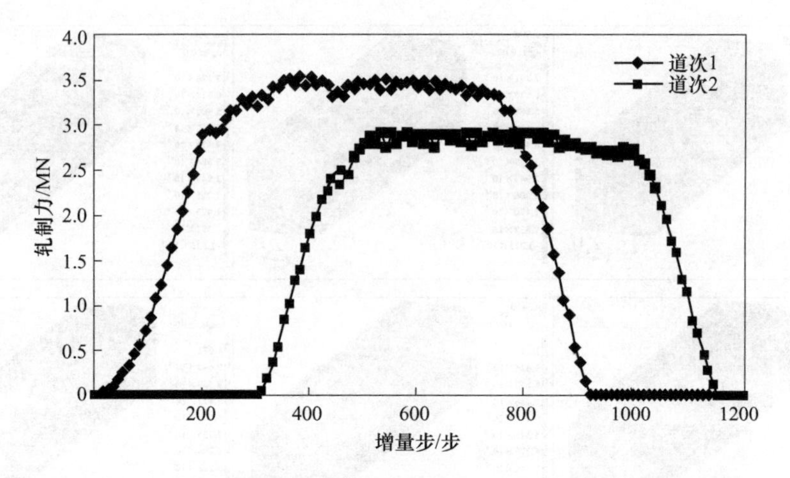

图 5.23 两道次连轧 ϕ220mm 圆钢各道次 1/4 轧件轧制力变化曲线

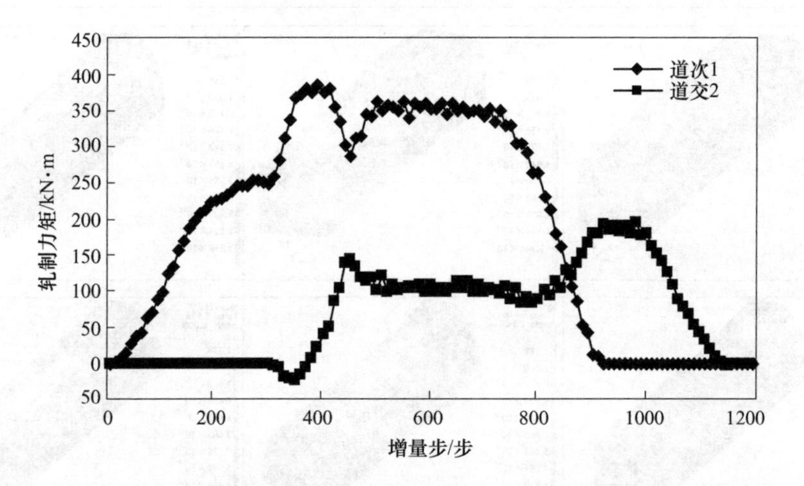

图 5.24 两道次连轧 ϕ220mm 圆钢各道次 1/4 轧件轧制力矩变化曲线

表 5.9 两道次连轧 ϕ220mm 圆钢各道次轧制力和力矩最大值

连轧道次		V1（椭孔）	H2（圆孔）
力/$\times10^6$N	轧制力	7.080	5.824
力矩/$\times10^8$N·mm	轧辊轴向力矩	7.716	3.942
	轧辊径向力矩	1.860	1.718

5.7.3.3 轧辊应力计算和强度校验

可用表 5.9 中轧制力和轧制力矩最大值去计算轧辊（包括辊身、辊颈和辊头）的危险断面处的应力。将轧辊应力计算结果，与轧辊许用应力（安全系数

n=5）比较（如表 5.10 所示），可见 V1 轧辊的辊身应力超出许用应力。因此在 6VH 连轧机上选用两道次连轧 ϕ220mm 圆钢从轧辊强度要求考虑是不适宜的。

表 5.10 两道次连轧 ϕ220mm 圆钢各架轧辊危险断面处应力

连轧道次		V1（椭孔）	H2（圆孔）
辊身应力/MPa		138.203	121.354
辊颈应力/MPa		110.906	79.775
辊头应力/MPa		124.817	67.583
许用应力/MPa（安全系数 n=5）	辊身	126	126
	辊颈	132	132
	辊头	126	126

5.8 ϕ230mm 芯棒钢两道次连轧

5.8.1 轧制初始条件

轧制芯棒钢时，进 1 号初轧机的钢锭断面尺寸为 617mm×824mm，长度为 2950mm，质量为 10.3t，经过 2 台初轧机轧制成断面尺寸为 248mm×248mm、圆角为 30mm、长度为 24385mm 的中间方坯。

在 6VH 热连轧机上完成两道次连轧 ϕ230mm 圆钢的孔型系统选择为“椭圆（V1）、圆孔型（H2）”。两道次轧辊直径均为 800mm，末道次（H2）轧件速度为 360mm/s，机架间距为 5500mm。轧件材质为 H11 热作模具钢，连轧前轧件初始温度设定为 990℃。

5.8.2 有限元模型及其边界条件

在 MSC. Marc 的 Mentat 前处理器中，根据热力耦合大变形弹塑性有限元方法建造轧件以及各机架轧辊等接触体的三维有限元模型，如图 5.25 所示。

在此采用更新的 Lagrange 法描述的热力耦合的大变形弹塑性有限元模型和八节点六面体等参单元技术，材料的屈服准则采用 von Mises 准则，金属流动依据 Prandtl-Reuss 流动法则。为了减少计算时间，并考虑到给予轧件在连轧机中能形成连续轧制过程同时兼顾计算时间，轧件长度要大于变形区长度和机架间距，两辊间距取为 250mm，轧件长度取为 589mm。由于对称性，可取 1/4 轧件作为模拟仿真对象，在模拟时沿长度方向等分 38 等份，轧件横断面取 63 个单元，共采用了 2394 个单元和 3081 个节点。

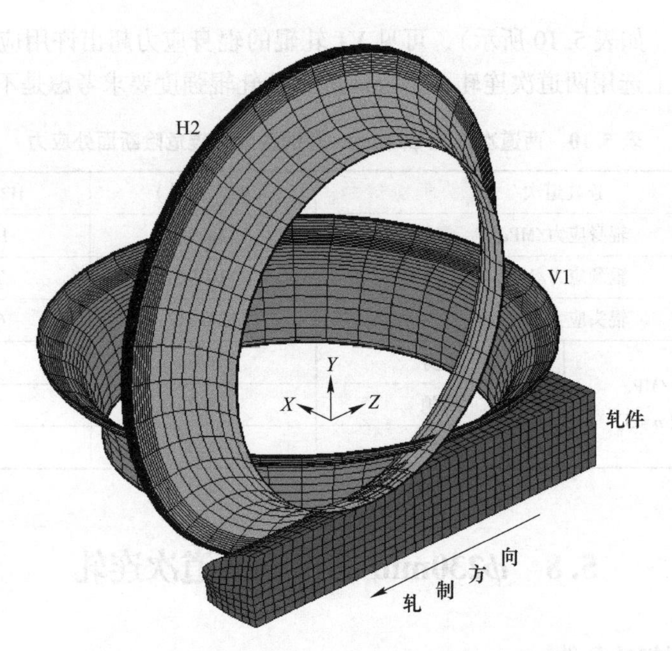

图 5.25 两道次连轧 ϕ230mm 大圆钢有限元模型
(扫描书前二维码看彩图)

轧件定义为弹塑性变形体，轧辊作为刚性接触体定义，由于实际轧制过程在 990℃的高温及较高的轧制力下进行，其摩擦边界条件宜采用恒摩擦因子的剪切摩擦模型，这里摩擦因子取值为 $m=0.7$。轧件材料的泊松比取 0.3，密度 7.75×10^{-9} Mg/mm^3。

在确定传热边界条件时主要考虑轧件与周围环境的对流和辐射换热以及轧件和轧辊孔型接触时的热传导。包含对流和辐射的等效换热系数取 0.17kW/(m^2 · ℃)，轧件与轧辊的接触热传导系数取 20kW/(m^2 · ℃)。

另外金属变形会产生变形热，热功转换系数取为 0.9。另外，轧辊和轧件接触表面的摩擦也会产生热，该部分热量可平均分配至轧件和轧辊。

5.8.3 模拟仿真结果分析

5.8.3.1 连轧各阶段变形特点

两道次连轧 ϕ230mm 时轧件在椭孔和圆孔中各阶段的变形以及网格畸变情况如图 5.26 所示。当增量步为 10 步时开始咬入，这时轧件的四个角首先与立椭孔型接触而产生变形。10~220 步时是轧件在第一架（V1）的咬入阶段，220~350 步轧件头部在两个机架之间；到 350 步时轧件头部开始接触第二机架（H2）的圆孔型，350~530 步时轧件在第二架的咬入变形阶段；580~840 步轧件同时在两机架上进行稳定的连续轧制，在 840~1070 步轧件尾部逐渐从 V1 抛出，这是非稳态轧制阶段；在 1070~1130 步时是轧件单独在第二架（H2）的轧制阶段，1130~1340 步是轧件尾部逐渐从 H2 抛出的非稳态轧制阶段，到 1340 步以后结束整个轧制过程。

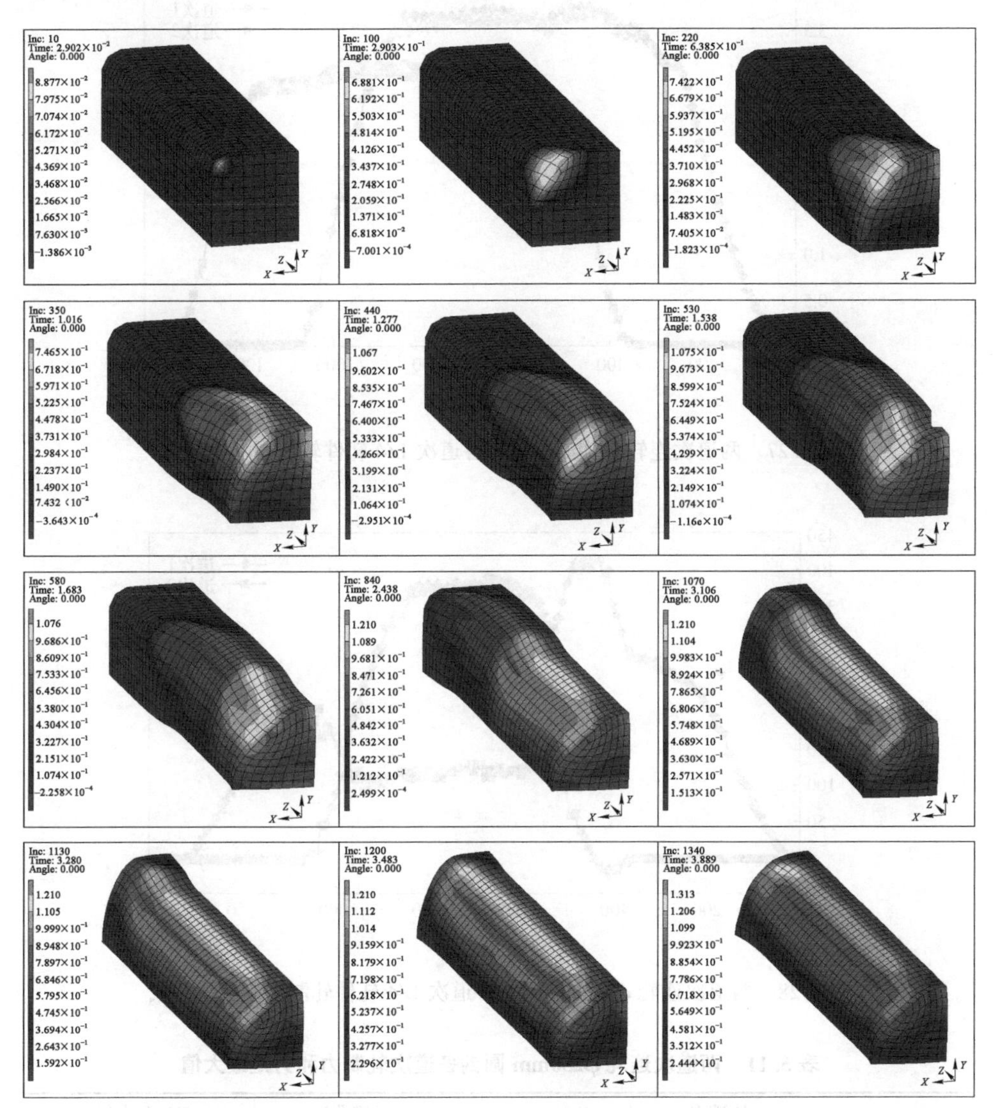

图 5.26　两道次连轧 ϕ230mm 圆钢各阶段轧件的总等效塑性应变

（扫描书前二维码看彩图）

5.8.3.2　连轧过程力能参数变化

根据模拟仿真结果可以得出两道次连轧 ϕ230mm 圆钢各个道次轧制力、轧制力矩随增量步变化的值（见图 5.27 和图 5.28）及其最大值（见表 5.11）。从 ϕ230mm 圆钢两道次连轧过程轧制力和力矩的变化情况可知，整个连轧过程存在轻微的堆钢轧制。

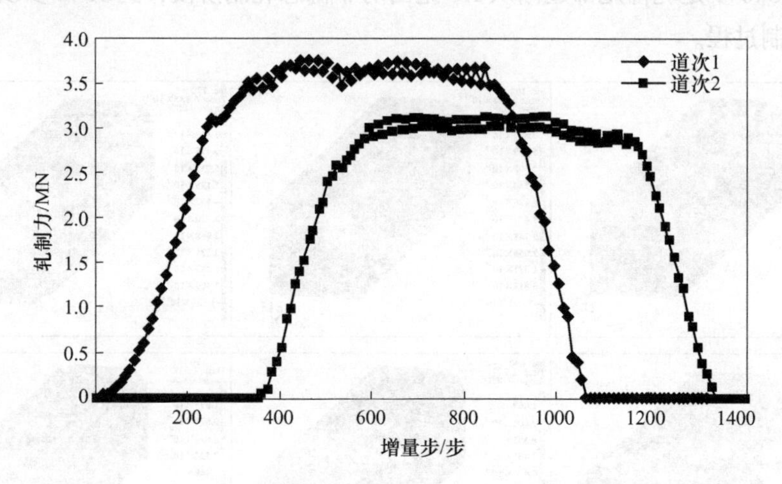

图 5.27 两道次连轧 ϕ230mm 圆钢各道次 1/4 轧件轧制力变化曲线

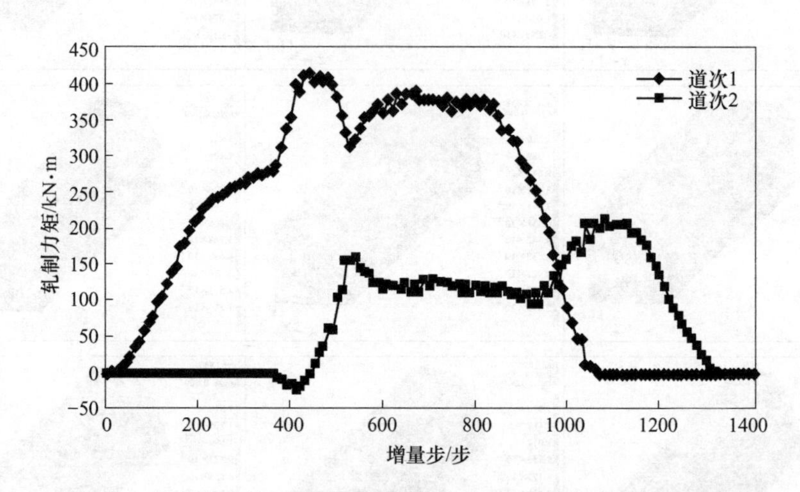

图 5.28 两道次连轧 ϕ230mm 圆钢各道次 1/4 轧件轧制力矩变化曲线

表 5.11 两道次连轧 ϕ230mm 圆钢各道次轧制力和力矩最大值

连轧道次		V1（椭孔）	H2（圆孔）
力/$\times10^6$N	轧制力	7.502	6.226
力矩/$\times10^8$N · mm	轧辊轴向力矩	8.272	4.276
	轧辊径向力矩	2.002	1.826

5.8.3.3 轧辊应力计算和强度校验

可用表 5.11 中轧制力和轧制力矩最大值去计算轧辊（包括辊身、辊颈和辊头）的危险断面处的应力。将轧辊应力的计算结果，与轧辊许用应力（安全系数 $n=5$）比较（如表 5.12 所示），可见 V1 轧辊的辊身和辊头应力超出许用应力，H2 轧辊的辊身应力超出许用应力。因此在 6VH 连轧机上选用两道次连轧 ϕ230mm 圆钢从轧辊强度要求考虑是不适宜的。

表 5.12 两道次连轧 ϕ230mm 圆钢各架轧辊危险断面处应力

连轧道次		V1（椭孔）	H2（圆孔）
辊身应力/MPa		152.728	136.688
辊颈应力/MPa		118.047	85.525
辊头应力/MPa		133.840	73.075
许用应力/MPa（安全系数 $n=5$）	辊身	126	126
	辊颈	132	132
	辊头	126	126

5.9 ϕ240mm 芯棒钢两道次连轧

5.9.1 轧制初始条件

轧制芯棒钢时，进 1 号初轧机的钢锭断面尺寸为 617mm×824mm，长度为 2950mm，质量为 10.3t，经过 2 台初轧机轧制成断面尺寸为 259mm×259mm、圆角为 30mm、长度为 22358mm 的中间方坯。

在 6VH 热连轧机上完成两道次连轧 ϕ240mm 圆钢的孔型系统选择为“椭圆（V1）、圆孔型（H2）”。两道次轧辊直径均为 800mm，末道次（H2）轧件速度为 330mm/s，机架间距为 5500mm。轧件材质为 H11 热作模具钢，连轧前轧件初始温度设定为 1000℃。

5.9.2 有限元模型及其边界条件

在 MSC. Marc 的 Mentat 前处理器中，根据热力耦合大变形弹塑性有限元方法建造轧件以及各机架轧辊等接触体的三维有限元模型，如图 5.29 所示。

在此采用更新的 Lagrange 法描述的热力耦合的大变形弹塑性有限元模型和八节点六面体等参单元技术，材料的屈服准则采用 von Mises 准则，金属流动依据

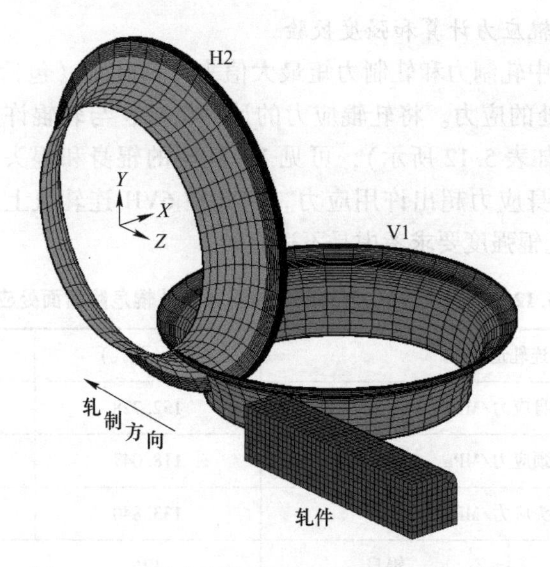

图 5.29 两道次连轧 ϕ240mm 大圆钢有限元模型
(扫描书前二维码看彩图)

Prandtl-Reuss 流动法则。为了减少计算时间，并考虑到给予轧件在连轧机中能形成连续轧制过程同时兼顾计算时间，轧件长度要大于变形区长度和机架间距，两辊间距取为 250mm，轧件长度取为 576mm。由于对称性，可取 1/4 轧件作为模拟仿真对象，在模拟时沿长度方向等分 40 等份，轧件横断面取 79 个单元，共采用了 3160 个单元和 3977 个节点。

轧件定义为弹塑性变形体，轧辊作为刚性接触体定义，由于实际轧制过程在 990℃ 的高温及较高的轧制力下进行，其摩擦边界条件宜采用恒摩擦因子的剪切摩擦模型，这里摩擦因子取值为 $m=0.7$。轧件材料的泊松比取 0.3，密度 $7.75\times 10^{-9}\text{Mg/mm}^3$。

在确定传热边界条件时主要考虑轧件与周围环境的对流和辐射换热以及轧件和轧辊孔型接触时的热传导。包含对流和辐射的等效换热系数取 0.17kW/(m^2·℃)，轧件与轧辊的接触热传导系数取 20kW/(m^2·℃)。

另外金属变形会产生变形热，热功转换系数取为 0.9。另外，轧辊和轧件接触表面的摩擦也会产生热，该部分热量可平均分配至轧件和轧辊。

5.9.3 模拟仿真结果分析

5.9.3.1 连轧各阶段变形特点

两道次连轧 ϕ240mm 大圆钢时轧件在椭孔和圆孔中各阶段的变形以及网格畸变情况如图 5.30 所示。当增量步为 10 步时开始咬入，这时轧件的四个角首先与立椭孔型接触而产生变形。10~350 步时是轧件在第一架（V1）的咬入阶段，350~420 步轧件头部在两个机架之间，轧件在 V1 机架上稳定轧制；到 420 步时轧件头部开始接触第二机架（H2）的圆孔型，420~620 步时轧件在第二架的咬入变形阶段；700~950 步轧件同时在两机架上进行稳定的连续轧制，在 950~1230 步轧件尾部逐渐从 V1 抛出，这是非稳态轧制阶段；在 1230~1290 步时是轧件单独在第二架（H2）的轧制阶段，1290~1540 步是轧件尾部逐渐从 H2 抛出的非稳态轧制阶段，到 1540 步以后结束整个轧制过程。

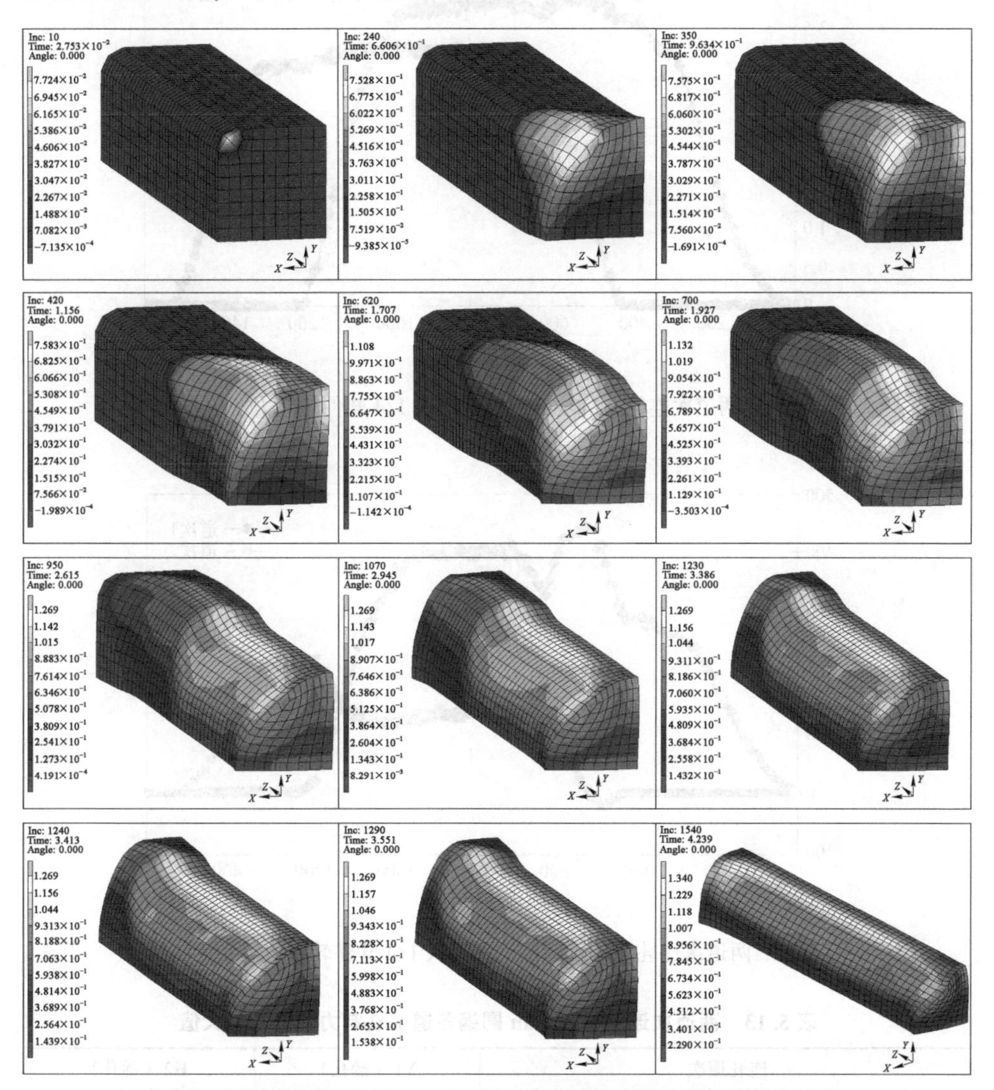

图 5.30 两道次连轧 ϕ240mm 圆钢各阶段轧件的总等效塑性应变

（扫描书前二维码看彩图）

5.9.3.2 连轧过程力能参数变化

根据模拟仿真结果可以得出两道次连轧 ϕ240mm 圆钢各个道次轧制力、轧制力矩随增量步的动态变化值（见图 5.31 和图 5.32）及其最大值（见表 5.13）。从 ϕ240mm 圆钢两道次连轧过程轧制力和力矩的变化情况可知，整个连轧过程存在轻微的堆钢轧制。

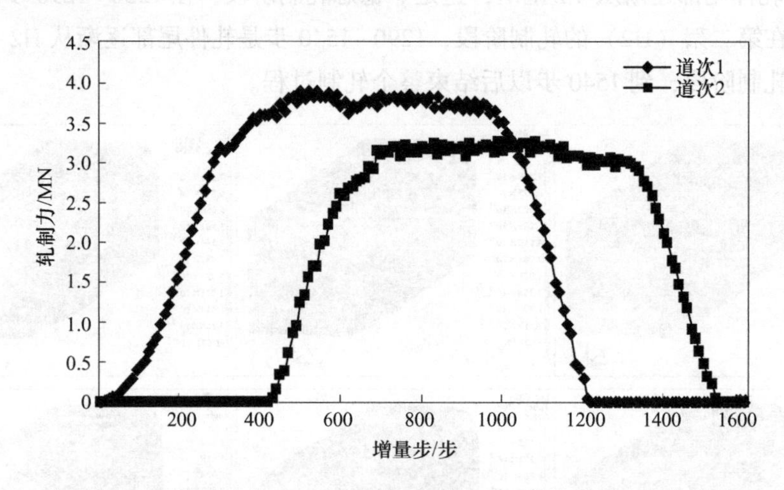

图 5.31 两道次连轧 ϕ240mm 圆钢各道次 1/4 轧件轧制力变化曲线

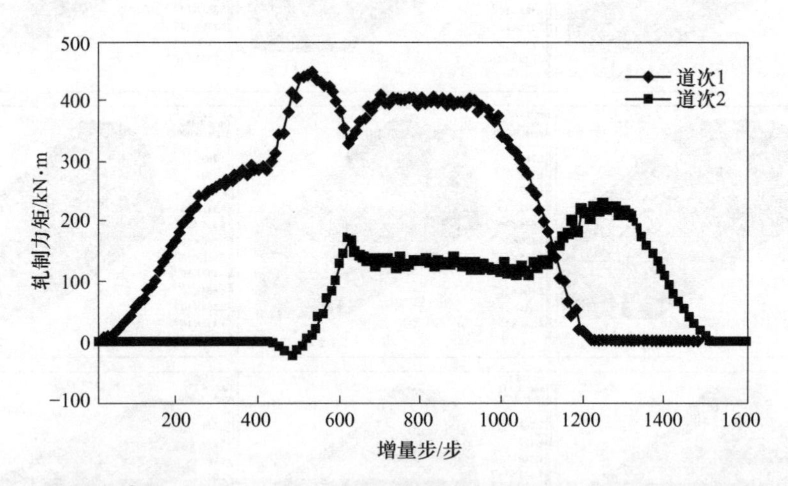

图 5.32 两道次连轧 ϕ240mm 圆钢各道次 1/4 轧件轧制力矩变化曲线

表 5.13 两道次连轧 ϕ240mm 圆钢各道次轧制力和力矩最大值

连轧道次		V1（椭孔）	H2（圆孔）
力/$\times10^6$N	轧制力	7.748	6.494

续表 5.13

连轧道次		V1（椭孔）	H2（圆孔）
力矩/$\times10^8$N·mm	轧辊轴向力矩	8.940	4.534
	轧辊径向力矩	2.120	1.836

5.9.3.3 轧辊应力计算和强度校验

可用表 5.13 中轧制力和轧制力矩最大值去计算轧辊（包括辊身、辊颈和辊头）的危险断面处的应力。将轧辊应力计算结果，与轧辊许用应力（安全系数 $n=5$）比较（如表 5.14 所示），可见 V1 轧辊的辊身和辊头应力超出许用应力，H2 轧辊的辊身应力超出许用应力。因此在 6VH 连轧机上选用两道次连轧 ϕ240mm 圆钢从轧辊强度要求考虑是不适宜的。

表 5.14 两道次连轧 ϕ240mm 圆钢各架轧辊危险断面处应力

连轧道次		V1（椭孔）	H2（圆孔）
辊身应力/MPa		164.608	150.349
辊颈应力/MPa		124.150	89.501
辊头应力/MPa		144.489	76.880
许用应力/MPa（安全系数 $n=5$）	辊身	126	126
	辊颈	132	132
	辊头	126	126

5.10 ϕ250mm 芯棒钢两道次连轧

5.10.1 轧制初始条件

轧制芯棒钢时，进 1 号初轧机的钢锭断面尺寸为 617mm×824mm，长度为 2950mm，质量为 10.3t，经过 2 台初轧机轧制成断面尺寸为 270mm×270mm、圆角为 30mm、长度为 20573mm 的中间方坯。

在 6VH 热连轧机上完成两道次连轧 ϕ250mm 圆钢的孔型系统选择为“椭圆（V1）、圆孔型（H2）”。两道次轧辊直径均为 800mm，末道次（H2）轧件速度为 300mm/s，机架间距为 5500mm。轧件材质为 H11 热作模具钢，连轧前轧件初始温度设定为 1000℃。

5.10.2 有限元模型及其边界条件

在此采用更新的 Lagrange 法描述的热力耦合的大变形弹塑性有限元模型和八节点六面体等参单元技术，材料的屈服准则采用 von Mises 准则，金属流动依据 Prandtl-Reuss 流动法则。为了减少计算时间，并考虑到给予轧件在连轧机中能形成连续轧制过程同时兼顾计算时间，轧件长度要大于变形区长度和机架间距，两辊间距取为 250mm，轧件长度取为 585mm。由于对称性，可取 1/4 轧件作为模拟仿真对象，在模拟时沿长度方向等分 39 等份，轧件横断面取 80 个单元，共采用了 3120 个单元和 3920 个节点（见图 5.33）。

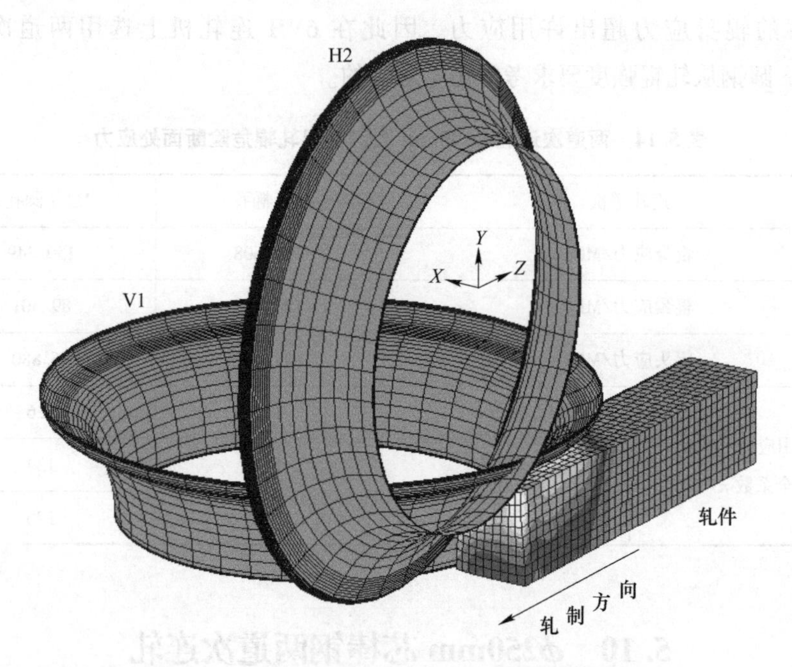

图 5.33 两道次连轧 ϕ250mm 大圆钢有限元模型

（扫描书前二维码看彩图）

轧件定义为弹塑性变形体，轧辊作为刚性接触体定义，由于实际轧制过程在 990℃ 的高温及较高的轧制力下进行，其摩擦边界条件宜采用恒摩擦因子的剪切摩擦模型，这里摩擦因子取值为 $m=0.7$。轧件材料的泊松比取 0.3，密度 $7.75\times10^{-9}\mathrm{Mg/mm^3}$。

在确定传热边界条件时主要考虑轧件与周围环境的对流和辐射换热以及轧件和轧辊孔型接触时的热传导。包含对流和辐射的等效换热系数取 $0.17\mathrm{kW/(m^2 \cdot ℃)}$，轧件与轧辊的接触热传导系数取 20kW/($m^2$·℃)。

另外金属变形会产生变形热，热功转换系数取为 0.9。另外，轧辊和轧件接触表面的摩擦也会产生热，该部分热量可平均分配至轧件和轧辊。

5.10.3 模拟仿真结果分析

5.10.3.1 连轧各阶段变形特点

两道次连轧 ϕ250mm 大圆钢时轧件在椭孔和圆孔中各阶段的变形以及网格畸变情况如图 5.34 所示。当增量步为 10 步时开始咬入，这时轧件的四个角首先与立椭孔型接触而产生变形。10~400 步时是轧件在第一架（V1）的咬入阶段；400~470 步轧件头部在两个机架之间，轧件在 V1 机架上稳定轧制；到 470 步时轧件头部开始接触第二机架（H2）的圆孔型，470~690 步时轧件在第二架的咬入变形阶段；750~1050 步轧件同时在两机架上进行稳定的连续轧制，在 1050~1370 步轧件尾部逐渐从 V1 抛出，这是非稳态轧制阶段；在 1370~1450 步时是轧

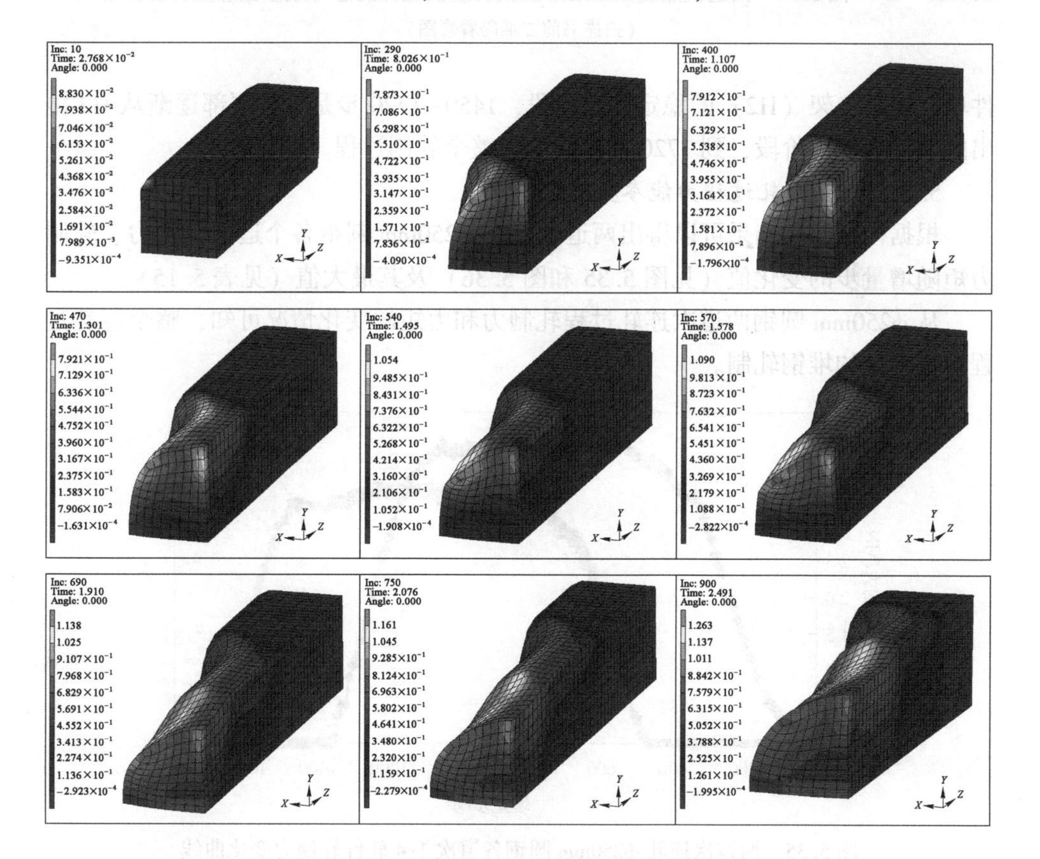

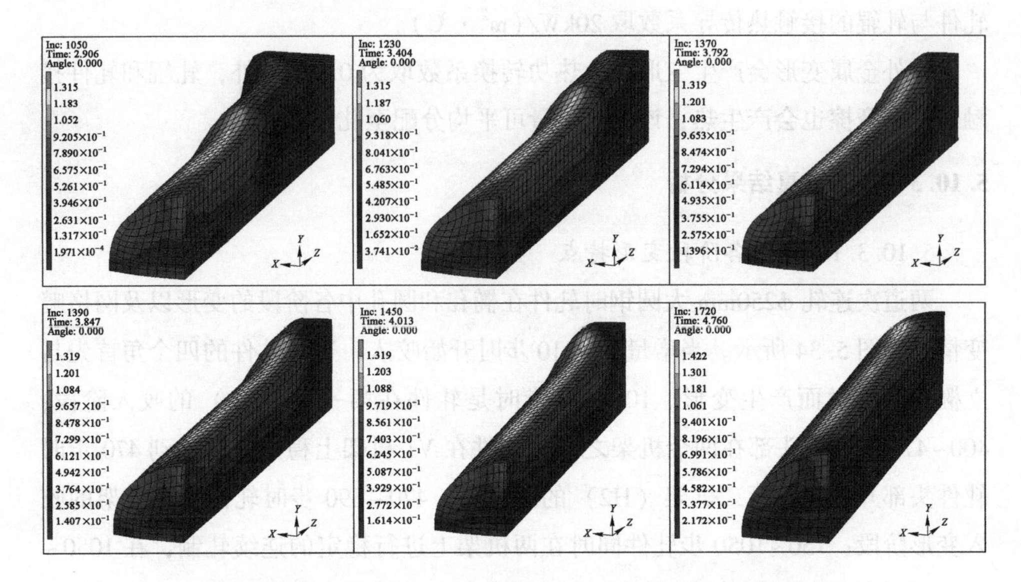

图 5.34 两道次连轧 ϕ250mm 圆钢各阶段轧件的总等效塑性应变

（扫描书前二维码看彩图）

件单独在第二架（H2）的稳定轧制阶段，1450~1720 步是轧件尾部逐渐从 H2 抛出的非稳态轧制阶段，到 1720 步以后结束整个轧制过程。

5.10.3.2 连轧过程力能参数变化

根据模拟仿真结果可以得出两道次连轧 ϕ250mm 圆钢各个道次轧制力、轧制力矩随增量步的变化值（见图 5.35 和图 5.36）及其最大值（见表 5.15）。

从 ϕ250mm 圆钢两道次连轧过程轧制力和力矩的变化情况可知，整个连轧过程存在轻微的堆钢轧制。

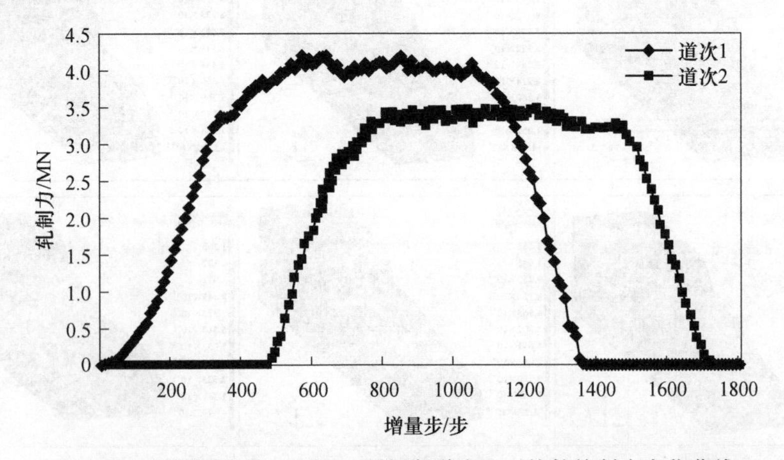

图 5.35 两道次连轧 ϕ250mm 圆钢各道次 1/4 轧件轧制力变化曲线

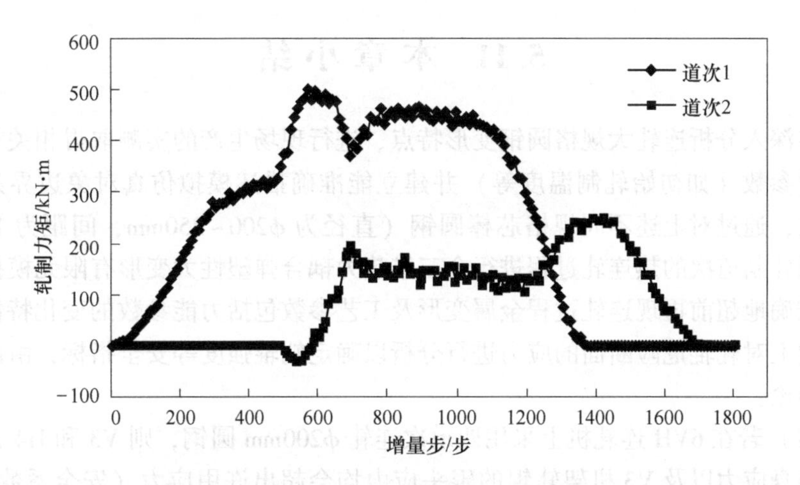

图 5.36 两道次连轧 ϕ250mm 圆钢各道次 1/4 轧件轧制力矩变化曲线

表 5.15 两道次连轧 ϕ250mm 圆钢各道次轧制力和力矩最大值

连轧道次		V1（椭孔）	H2（圆孔）
力/×10⁶N	轧制力	8.404	6.944
力矩/×10⁸N · mm	轧辊轴向力矩	10.038	5.004
	轧辊径向力矩	3.02	2.072

5.10.3.3 轧辊应力计算和强度校验

可用表 5.15 中轧制力和轧制力矩最大值去计算轧辊（包括辊身、辊颈和辊头）的危险断面处的应力。将轧辊应力计算结果，与轧辊许用应力（安全系数 $n=5$）比较（如表 5.16 所示），可见 V1 轧辊的辊身、辊颈和辊头应力均超出许用应力，H2 轧辊的辊身应力超出许用应力。因此在 6VH 连轧机上选用两道次连轧 ϕ250mm 圆钢从轧辊强度要求考虑是不适宜的。

表 5.16 两道次连轧 ϕ250mm 圆钢各架轧辊危险断面处应力

连轧道次		V1（椭孔）	H2（圆孔）
辊身应力/MPa		186.477	169.709
辊颈应力/MPa		136.625	96.336
辊头应力/MPa		164.846	85.121
许用应力/MPa（安全系数 $n=5$）	辊身	126	126
	辊颈	132	132
	辊头	126	126

5.11 本章小结

在深入分析连轧大规格圆钢变形特点、进行现场生产的实测取得相关初始轧制条件参数（如初始轧制温度等）并建立能准确描述模拟仿真对象边界条件的基础上，通过对上述不同规格芯棒圆钢（直径为 ϕ200~250mm，间距为 10mm）在不同轧制道次的热连轧过程进行全三维热力耦合弹塑性大变形有限元模拟仿真可以准确地超前再现连轧过程金属变形及工艺参数包括力能参数的变化特性，在此基础上对轧辊危险断面的应力进行分析以确定轧辊强度等安全指标，由此得出如下结论：

（1）若在 6VH 连轧机上采用四道次连轧 ϕ200mm 圆钢，则 V3 和 H4 机架轧辊的辊身应力以及 V3 机架轧辊的辊头应力均会超出许用应力（安全系数取 $n=5$），因此从轧辊强度要求考虑，不宜采用四道次连轧 ϕ200mm 圆钢。

（2）若在 6VH 连轧机上采用三道次连轧 ϕ200mm 圆钢，则 V1 和 V3 机架轧辊的辊身应力均不满足强度要求。因此在 6VH 连轧机上不宜采用三道次连轧 ϕ200mm 圆钢。

（3）在 6VH 连轧机上采用两道次连轧 ϕ200mm 圆钢，V1 和 H2 机架轧辊的辊身、辊身、辊颈应力均小于许用应力。因此在 6VH 连轧机上选用两道次连轧 ϕ200mm 圆钢从轧辊强度要求考虑是适宜的。

（4）在 6VH 连轧机上采用两道次连轧 ϕ210mm 圆钢，V1 和 H2 机架轧辊的辊身、辊身、辊颈应力均小于许用应力。因此在 6VH 连轧机上选用两道次连轧 ϕ210mm 圆钢从轧辊强度要求考虑是可行的。

（5）在 6VH 连轧机上采用两道次连轧 ϕ220mm 圆钢，V1 轧辊的辊身应力超出许用应力。因此在 6VH 连轧机上选用两道次连轧 ϕ220mm 圆钢从轧辊强度要求考虑是不可行的。由此推断，选用三道次或四道次连轧 ϕ220mm 圆钢从轧辊强度要求考虑均不可行。

（6）在 6VH 连轧机上采用两道次连轧 ϕ230mm 圆钢，V1 轧辊的辊身和辊头应力超出许用应力，H2 轧辊的辊身应力超出许用应力。因此在 6VH 连轧机上选用两道次连轧 ϕ230mm 圆钢从轧辊强度要求考虑是不可行的。由此推断，选用三道次或四道次连轧 ϕ230mm 圆钢从轧辊强度要求考虑均不可行。

（7）在 6VH 连轧机上采用两道次连轧 ϕ240mm 圆钢，V1 轧辊的辊身和辊头应力超出许用应力，H2 轧辊的辊身应力超出许用应力。因此在 6VH 连轧机上选用两道次连轧 ϕ240mm 圆钢从轧辊强度要求考虑是不可行的。由此推断，选用三道次或四道次连轧 ϕ240mm 圆钢从轧辊强度要求考虑均不可行。

（8）在 6VH 连轧机上采用两道次连轧 ϕ250mm 圆钢，V1 轧辊的辊身、辊颈和辊头应力均超出许用应力，H2 轧辊的辊身应力超出许用应力。因此在 6VH 连轧机上选用两道次连轧 ϕ250mm 圆钢从轧辊强度要求考虑是不可行的。由此推断，选用三道次或四道次连轧 ϕ250mm 圆钢从轧辊强度要求考虑均不可行。

6 大规格合金钢热连轧有限元模拟及工艺控制参数优化

由于H11芯棒钢热连轧过程各机架孔型中轧件金属的流动过程及边界条件（包括接触、变形和传热等）较为复杂，操作工艺要求严格，从现场生产ϕ153mm规格合金钢芯棒的实际情况看，若连轧和轧后冷却的工艺参数设定不合理，成品轧件极易产生尺寸超出公差或出现缺陷（主要是轧后端部开裂等缺陷）等质量问题，严重影响芯棒钢的成材率及使用性能。因此，通过建立模拟仿真有限元模型及各类边界条件，超前再现大规格合金钢芯棒热连轧过程并准确预测相关工艺参数的影响以便通过改进相关生产（轧制和冷却）工艺来提高芯棒钢的尺寸精度并减缓或消除其轧后开裂等缺陷，具有重要的理论和现实意义。

影响大规格合金钢芯棒尺寸精度的工艺及设备因素较多，以下针对ϕ200mm可轧规格的H11芯棒钢，研究其在现有6VH热连轧机组设备条件下，相关工艺参数的变化（包括道次延伸系数、开轧温度、轧辊转速变化引起的张力变化、轧辊辊环直径等的变化）对H11芯棒钢热连轧过程的影响规律，为调整和优化工艺参数来改善产品尺寸精度和减少产品缺陷提供科学的理论依据。

6.1 延伸系数变化对合金钢连轧过程的影响

选择较小道次延伸系数分配方案A，对ϕ200mm规格芯棒钢进行模拟仿真在第5章的5.5节中已经研究。现增大道次延伸系数，采用道次延伸系数分配方案B（其孔型尺寸也有相应变化，见附录1中的图2），对ϕ200mm规格芯棒钢进行有限元模拟，研究延伸系数的变化对连轧过程的影响特别是力能参数、相关节点位移（包括轧件宽展及其轧件尺寸精度）和轧件应力、应变及温度变化等。

6.1.1 边界条件及有限元模型

(1) 轧制初始条件。轧制芯棒钢时，进1号初轧机的钢锭断面尺寸为617mm×824mm，长度为2950mm，质量为10.3t，经过2台初轧机轧制成断面尺寸为222mm×222mm、圆角为30mm、长度为30431mm的中间方坯。

在6VH热连轧机上完成两道次连轧ϕ200mm圆钢的孔型系统选择为“椭圆(V1)、圆孔型(H2)”，孔型尺寸见附录1中的图1。两道次轧辊直径均为

800mm，末道次（H2）轧件速度为480mm/s，机架间距为5500mm。轧件材质为H11热作模具钢，连轧前轧件初始温度设定为990℃。

（2）有限元模型及其边界条件。在MSC. Marc的Mentat前处理器中，根据热力耦合大变形弹塑性有限元方法建造轧件以及各机架轧辊等接触体的三维有限元模型，如图6.1所示。

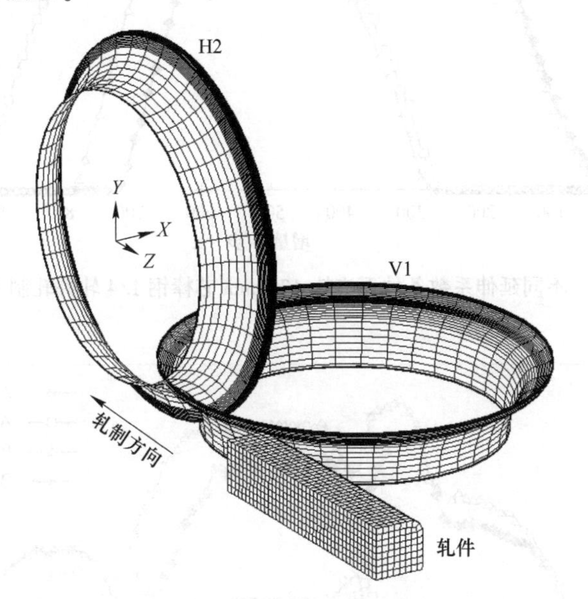

图6.1 两道次连轧 ϕ200mm 芯棒钢有限元模型

在此采用更新的Lagrange法描述的热力耦合的大变形弹塑性有限元模型和八节点六面体等参单元技术，材料的屈服准则采用von Mises准则，金属流动依据Prandtl-Reuss流动法则。为了减少计算时间，并考虑到给予轧件在连轧机中能形成连续轧制过程同时兼顾计算时间，轧件长度大于变形区长度和机架间距，两辊间距取为250mm，轧件长度取为552mm。由于对称性，可取1/4轧件作为模拟仿真对象，在模拟时沿长度方向等分40等份，轧件横断面取63个单元，共采用2520单元和3239个节点。其他相关边界条件（如摩擦、传热等）的定义与第5章5.5节相同。

6.1.2 连轧力能参数的变化

从图6.2和图6.3中可以观察到，随着道次延伸系数的增大，由A方案变为B方案时轧制力和力矩总体上呈相应增加趋势。由图6.4可知，第一道次（V1）最大轧制力升高9.17%，第二道次（H2）最大轧制力升高5.65%；第一道次（V1）最大轧制力矩升高12.75%，第二道次（H2）最大轧制力矩升高9.44%。由此说明H11热作模具钢轧制力能参数对道次延伸系数变化的敏感性较大（特别是V1机架），若增大道次延伸系数则轧辊强度和电机负荷等安全问题是首先要考虑的重要因素。

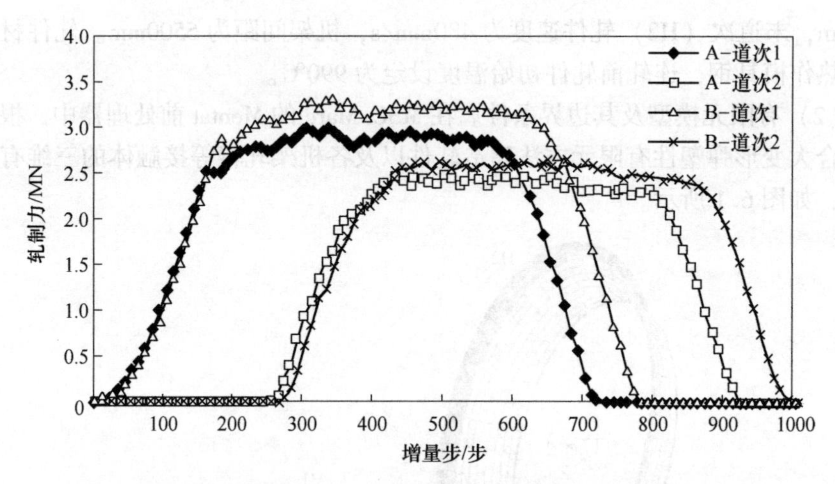

图 6.2 不同延伸系数条件下连轧 ϕ200mm 芯棒钢 1/4 轧件轧制力变化

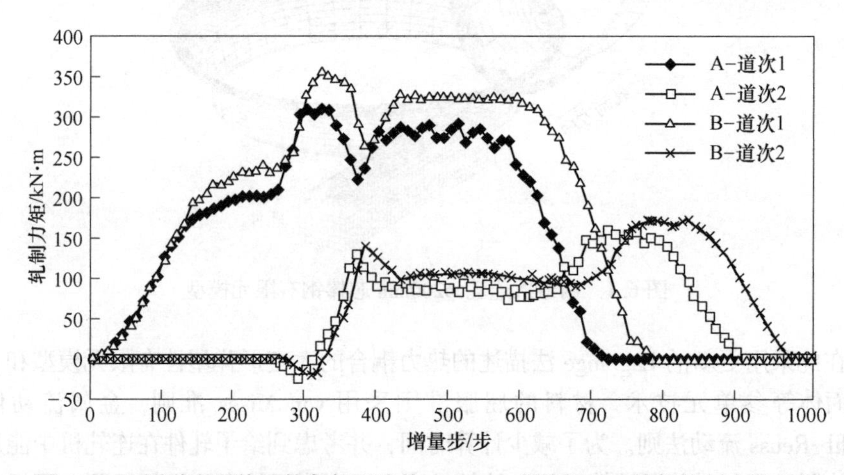

图 6.3 不同道次延伸系数条件下连轧 ϕ200mm 芯棒钢 1/4 轧件轧制力矩变化

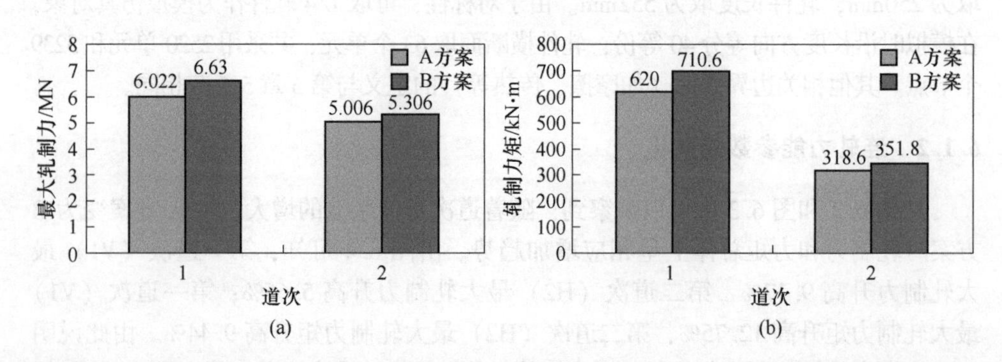

图 6.4 不同道次延伸系数条件下连轧 ϕ200mm 芯棒钢最大轧制力（a）和最大轧制力矩（b）

由此可知上述力能参数可计算各道次轧辊辊身、辊颈和辊头危险断面上的应力，如图6.5所示。图6.5说明采用较大道次延伸系数分配的B方案进行连轧ϕ200mm圆钢时各道次轧辊应力以第一道次（V1）轧辊的辊身应力为最大（其值为119.69MPa），但仍未超出其许用应力（辊身许用应力126MPa）。可见按延伸系数分配B方案进行连轧ϕ200mm规格H11芯棒钢是满足轧辊强度要求的。由于进连轧机组前可采用较大断面的中间坯料，因此从优化中间坯料断面尺寸角度看，采用延伸系数分配B方案更加优于延伸系数分配A方案。

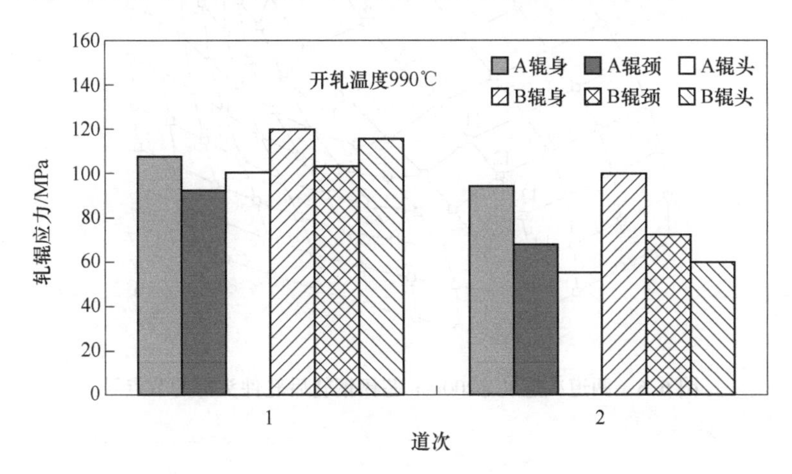

图6.5 不同道次延伸系数条件下连轧ϕ200mm芯棒钢轧辊应力变化

6.1.3 轧件轧后节点的位移、应力和应变

6.1.3.1 轧件头部

图6.6为两道次连轧ϕ200mm芯棒钢轧后轧件头部的节点号。

从图6.7可见，两道次连轧ϕ200mm圆钢轧后轧件头部节点高度方向和宽度方向的位移量以及总等效塑性应变均随着道次延伸系数的增大而增大，而等效Mises应力变化不大。

6.1.3.2 轧件尾部

从图6.8可见，两道次连轧ϕ200mm圆钢轧后轧件尾部节点高度方向和宽度方向的位移量以及总等效塑性应变均随着道次延伸系数的增大而增大。

6.1.3.3 轧件中部

从图6.9可见，两道次连轧ϕ200mm圆钢轧后轧件中部节点高度方向和宽度方向的位移量以及总等效塑性应变均随着道次延伸系数的增大而增大。采用延伸系数分配B方案轧后ϕ200mm圆钢中部宽度方向直径为199.13mm，而采用延伸系数分配A方案轧后ϕ200mm圆钢中部宽度方向直径为195.87mm。可见在设备工艺限制条件许可的情况下，增加道次延伸系数有助于增加宽展。

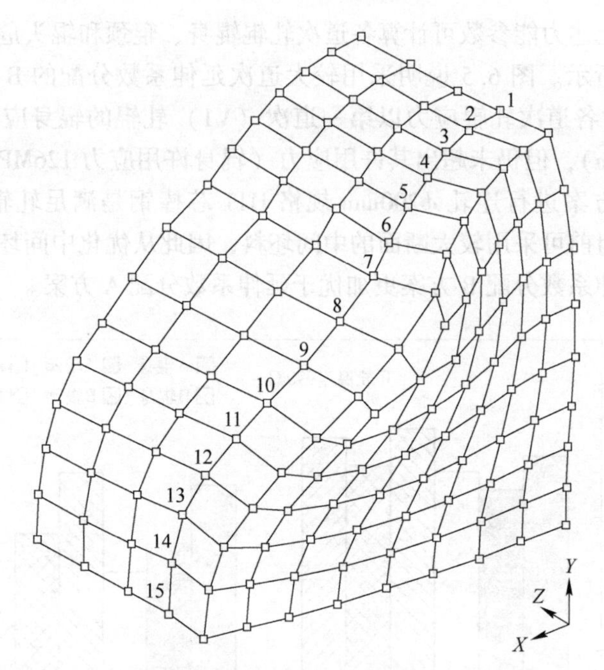

图 6.6 两道次连轧 ϕ200mm 芯棒钢轧后轧件头部的节点号

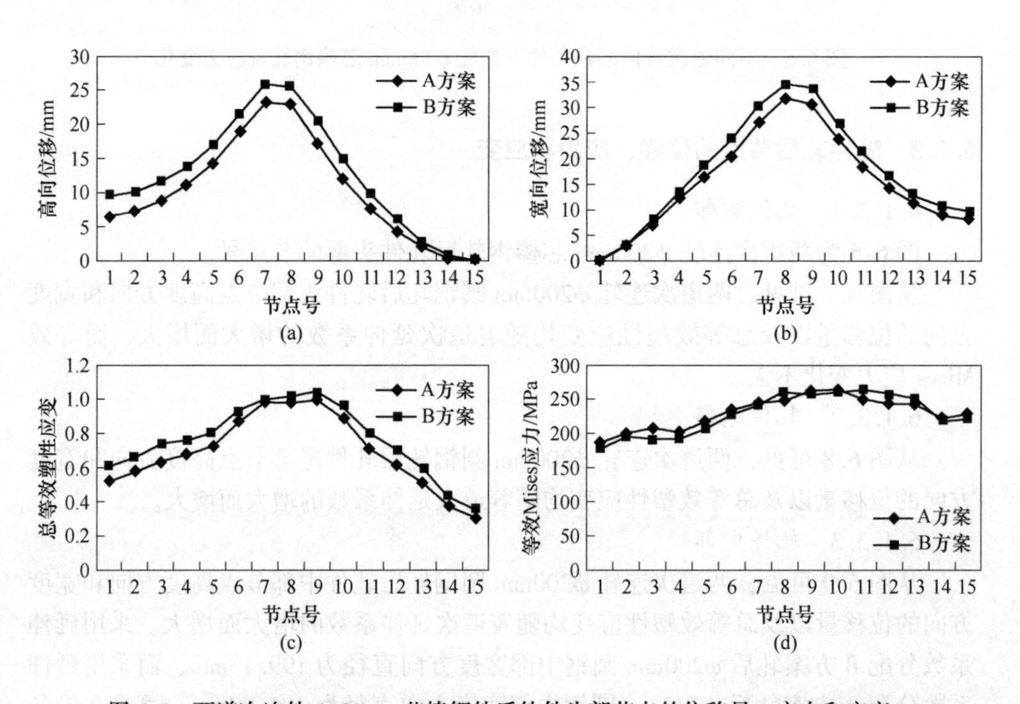

图 6.7 两道次连轧 ϕ200mm 芯棒钢轧后轧件头部节点的位移量、应力和应变

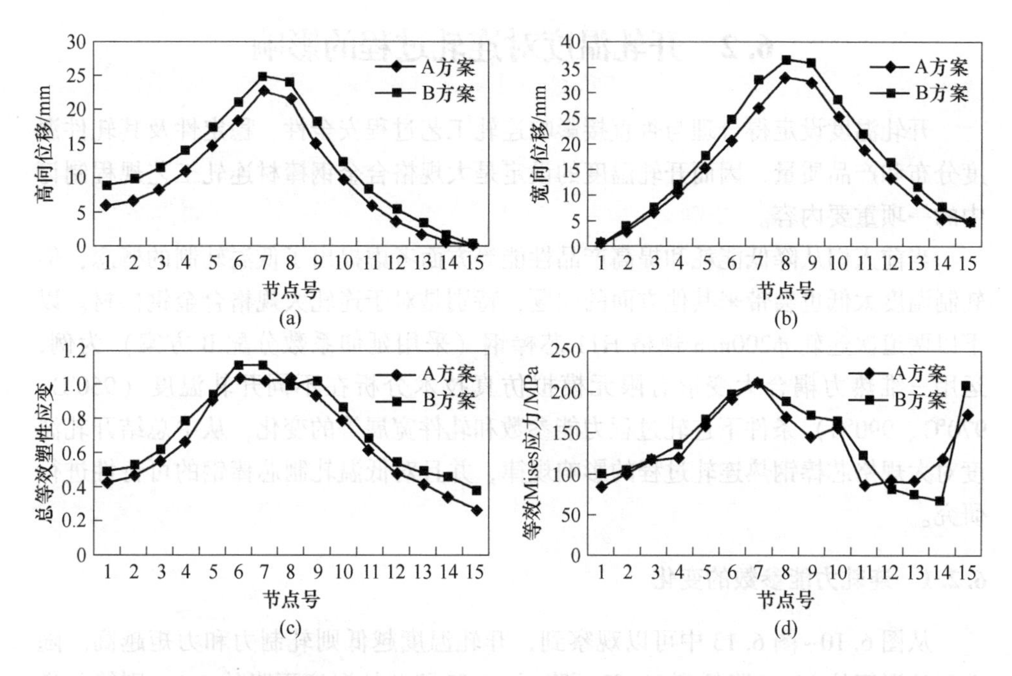

图 6.8 两道次连轧 ϕ200mm 芯棒钢轧后轧件尾部节点的位移量、应力和应变

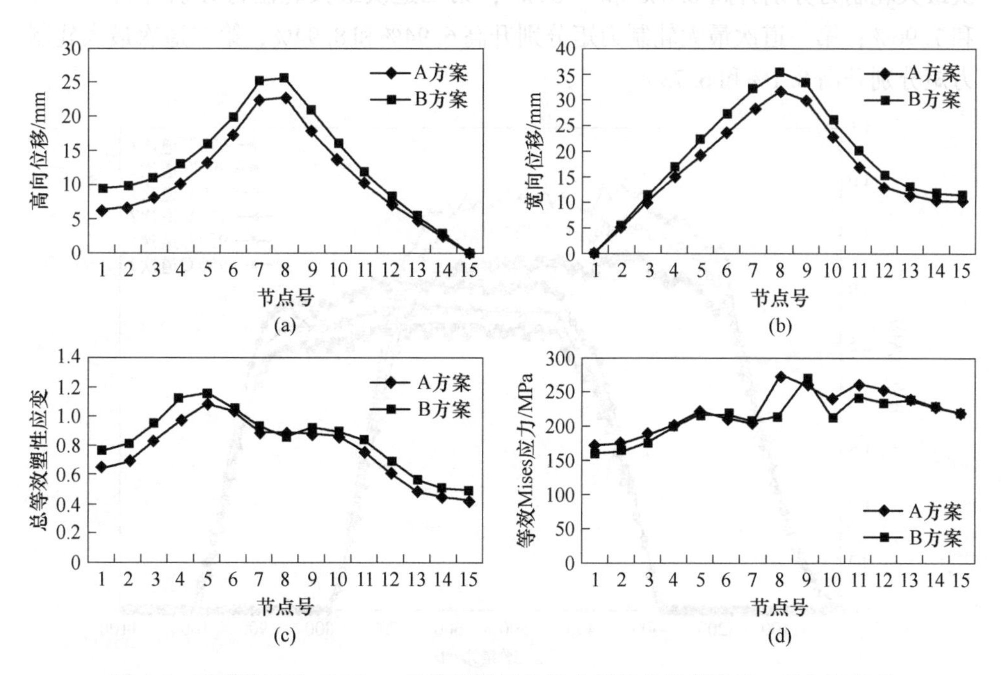

图 6.9 两道次连轧 ϕ200mm 芯棒钢轧后轧件中部节点的位移量、应力和应变

6.2 开轧温度对连轧过程的影响

开轧温度设定得合理与否直接影响连轧工艺过程安全性、稳定性及其轧件温度分布和产品质量，因而开轧温度的设定是大规格合金钢棒材连轧工艺规程制订中的一项重要内容。

当前人们从降低能耗和提高产品性能等方面考虑提出了低温轧制的概念，但轧制温度太低也会带来其他方面的问题，特别是对于连轧大规格合金钢棒材。以下以两道次连轧 ϕ200mm 规格 H11 芯棒钢（采用延伸系数分配 B 方案）为例，运用三维热力耦合大变形有限元模拟仿真技术分析在不同开轧温度（950℃、970℃、990℃）条件下连轧过程力能参数和轧件宽展等的变化，从中总结开轧温度对大规格芯棒钢热连轧过程的影响规律，并且对低温轧制芯棒钢的可行性进行研究。

6.2.1 连轧力能参数的变化

从图 6.10~图 6.13 中可以观察到，开轧温度越低则轧制力和力矩越高。随着开轧温度从 990℃降低到 970℃再降至 950℃即开轧温度下降约 2%，则第一道次最大轧制力分别升高 8.8% 和 7.84% ，第二道次最大轧制力分别升高 7.46% 和 7.96%；第一道次最大轧制力矩分别升高 6.94%和 8.94%，第二道次最大轧制力矩分别升高 8.1%和 6.73%。

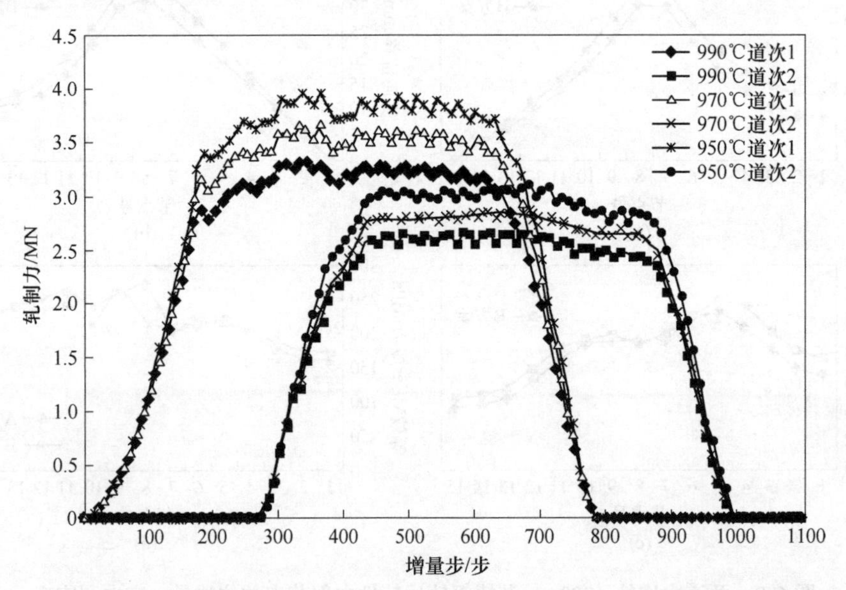

图 6.10 不同开轧温度下两道次连轧 ϕ200mm 芯棒钢 1/4 轧件轧制力的变化

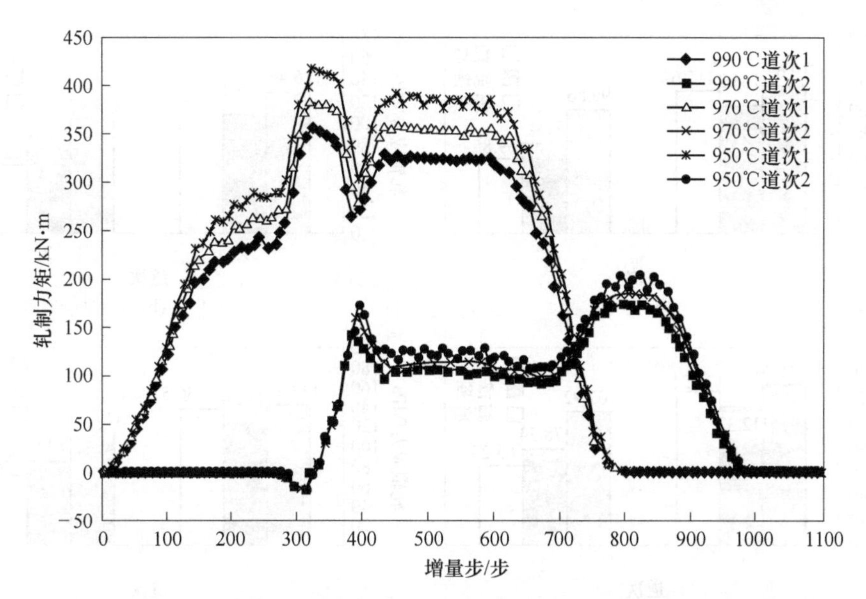

图 6.11 不同开轧温度下两道次连轧 ϕ200mm 芯棒钢 1/4 轧件轧制力矩的变化

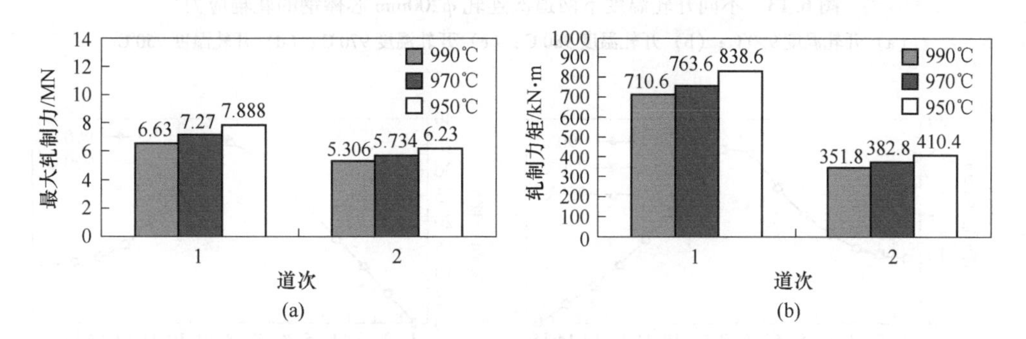

图 6.12 不同开轧温度下两道次连轧 ϕ200mm 圆钢的最大轧制力（a）和力矩（b）

6.2.2 轧件中部位移、应力和温度的变化

从图 6.13 中可以观察到，当开轧温度降低到 980℃以下时第一道次（V1）轧辊的辊身应力已经开始超出其许用应力。这说明 H11 芯棒钢的轧制力能参数对开轧温度的变化敏感性较大，若采用低温轧制大规格合金钢棒材则轧辊强度和电机负荷等安全问题是首先要考虑的重要因素，现场曾出现过轧制合金钢圆坯时由于轧制温度较低轧制负荷较大而出现断辊的生产事故。所以一般对于连轧大规格合金钢芯棒不能采用低温轧制工艺，其开轧温度最好高于 980℃。

从图 6.14 可见，随着开轧温度的降低，轧件中部节点沿高度方向和宽度方向位移量的变化不大，但是温度是降低的，而等效 Mises 应力升高较明显，特别

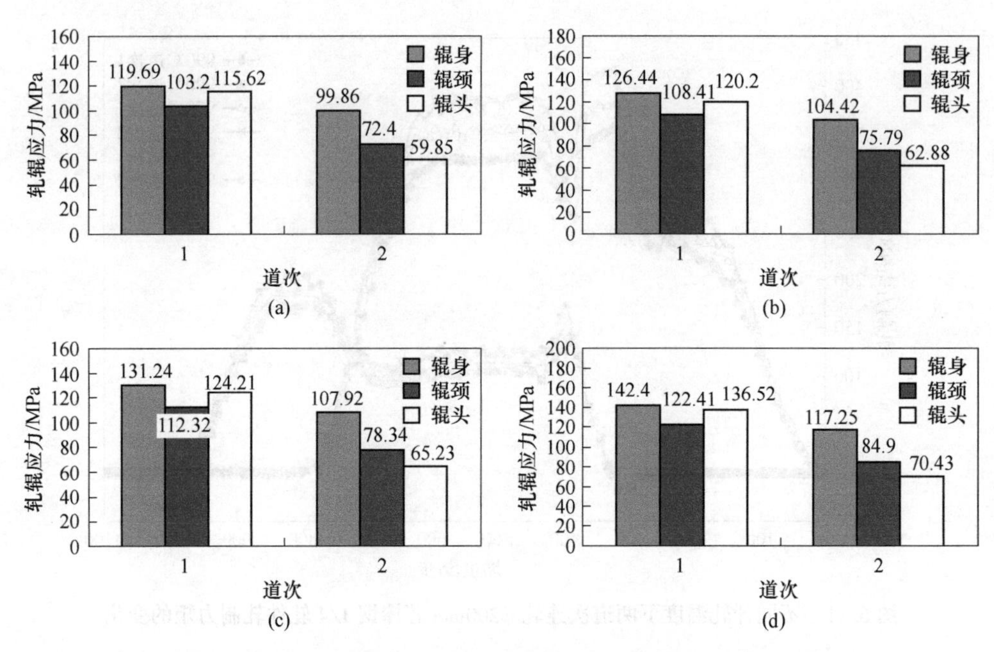

图 6.13　不同开轧温度下两道次连轧 ϕ200mm 芯棒钢的轧辊应力

（a）开轧温度 990℃；（b）开轧温度 980℃；（c）开轧温度 970℃；（d）开轧温度 950℃

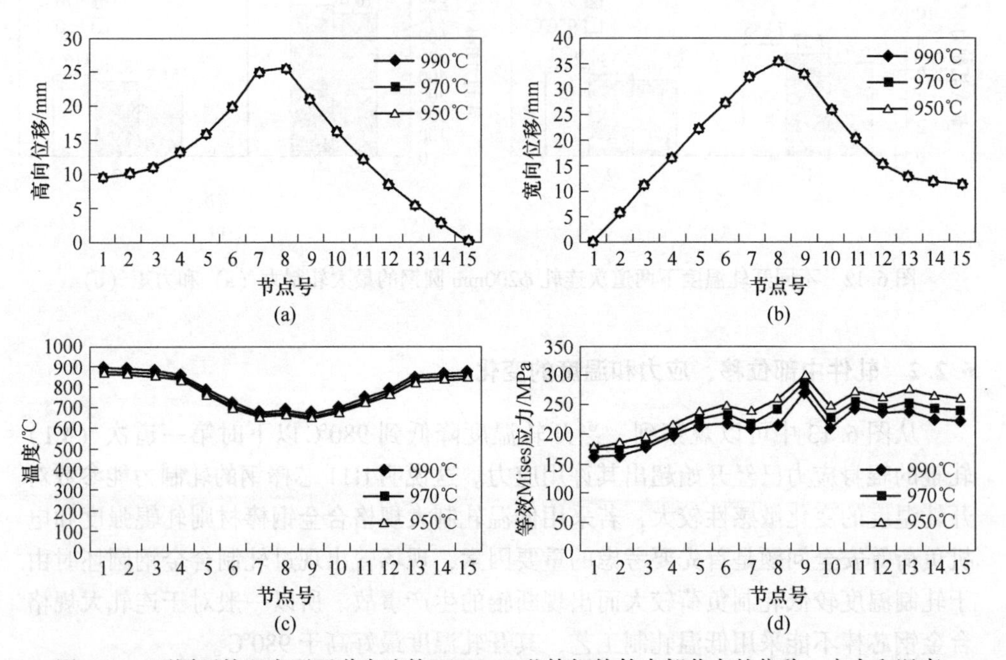

图 6.14　不同开轧温度下两道次连轧 ϕ200mm 芯棒钢轧件中部节点的位移、应力和温度

（a）高向位移；（b）宽向位移；（c）温度；（d）应力

是在9号节点附近，温度和应力分别达到最小值和最大值。另外由于H11芯棒钢的热导率较低，断面温度不均匀及残余应力的升高都会加剧芯棒钢轧后开裂的趋势。因此在轧制H11芯棒钢时应当采用较高的轧制温度（一般开轧温度应在950℃以上）、道次小变形量和较快速的轧制工艺，这样均有助于减缓轧后芯棒坯表面残余应力的升高和温度的降低。

6.3 张力因素对连轧过程的影响

从轧制理论上来讲，连轧过程应该遵循秒流量相等的原则，但在实际生产中要保持各道次秒流量相等是难以做到的。实际生产中由于钢温波动、轧件尺寸变化、孔型磨损、轧辊转速变化等工艺和设备因素均使得连轧过程大都存在或多或少的拉钢或堆钢现象。在拉钢情况下，轧件受到拉伸变形，造成断面尺寸变化，过大的拉钢会使孔型磨损加剧。在堆钢严重的情况下，会产生活套并有逐渐增大的趋势，可能使轧件打结、冲击导卫，造成设备损伤等事故。现场对于小型型钢和线材往往采用机架间形成不太大活套的方法以达到顺利轧制的目的；对于大断面或异型断面的轧件在连轧中往往采用微小张力轧制的方法，从工艺角度保证安全生产和减小轧件断面尺寸的变化等目的。

以下以ϕ200mm规格H11芯棒钢热连轧过程（开轧温度为990℃，采用道次延伸系数分配方案B）为例，应用全三维热力耦合弹塑性大变形有限元模拟仿真和接触分析技术，研究在末道次的轧辊转速发生变化时机架间的张力变化对H11芯棒钢热连轧过程的影响（特别是对连轧过程轧件的三维变形包括应力场、应变场、温度场和力能参数及连轧堆拉关系变化的影响），为更加准确地制订H11芯棒钢热连轧工艺的张力制度提供可靠的理论依据。

在此考虑末道次的轧辊转速（v_r）分别为：$v_r = v_o$；$v_r = 1.05v_o$；$v_r = 1.1v_o$；$v_r = 1.2v_o$四种情形，其中$v_o = 13.486$r/min。

6.3.1 连轧力能参数及堆拉关系的变化

从图6.15和图6.16中可见，当末道次轧辊转速$v_r = v_o$（$v_o = 13.486$r/min）时，在0~200增量步时轧件在第一道次咬入阶段，第一道次轧制力矩迅速升高。200~260步是轧件仅在第一道次中的单道次稳定轧制阶段，第一道次轧制力矩波动不大。从260步开始轧件开始进入第二道次轧制，260~380步轧件在第二道次咬入阶段，第二道次轧制力矩迅速升高。在430~590步轧件处于连轧的稳定状态，这时两道次的轧制力和力矩的波动不大。值得注意的是，轧件处于连轧稳定状态时（430~590步）第一道次的轧制力矩明显高于第二道次未咬入轧件仅在第一道次中单道次稳定轧制时（200~260 步）的轧制力矩。从 590 步以后轧件逐渐脱离第一道次，第一道次轧制力矩迅速降低，到 790 步时轧件完全脱离第一道次仅在第二道次中轧制，这时第一道次轧制力矩降为零。当轧件在第二道次中单道次稳定轧制阶段（790~850 步），其轧制力矩明显高于连轧稳定阶段（430~590 步）的轧制力矩。从 850 步开始轧件逐渐脱离第二道次，第二道次轧制力矩逐渐下降，直至 990 步时其轧制力矩降为零，从而结束整个轧制过程。由此可见，当 $v_r=v_o$ 时的连轧阶段存在堆钢现象。

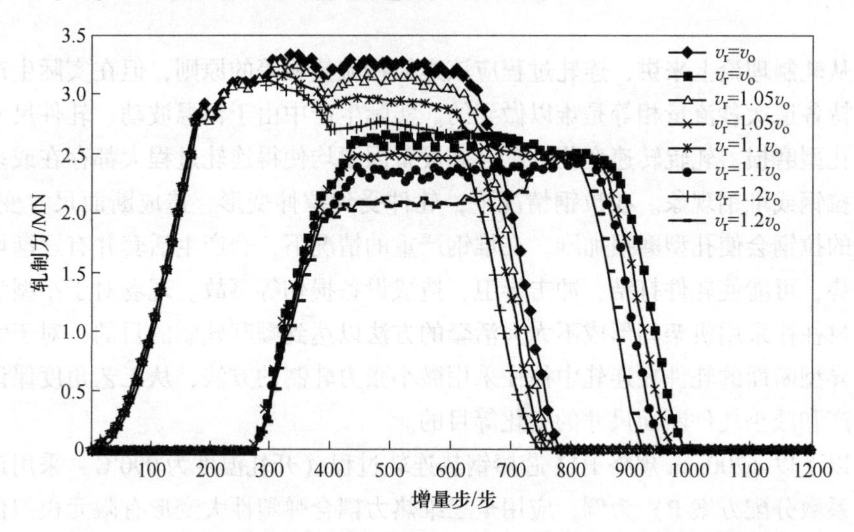

图 6.15 不同末道次轧辊转速下连轧 ϕ200mm 芯棒钢 1/4 轧件的轧制力

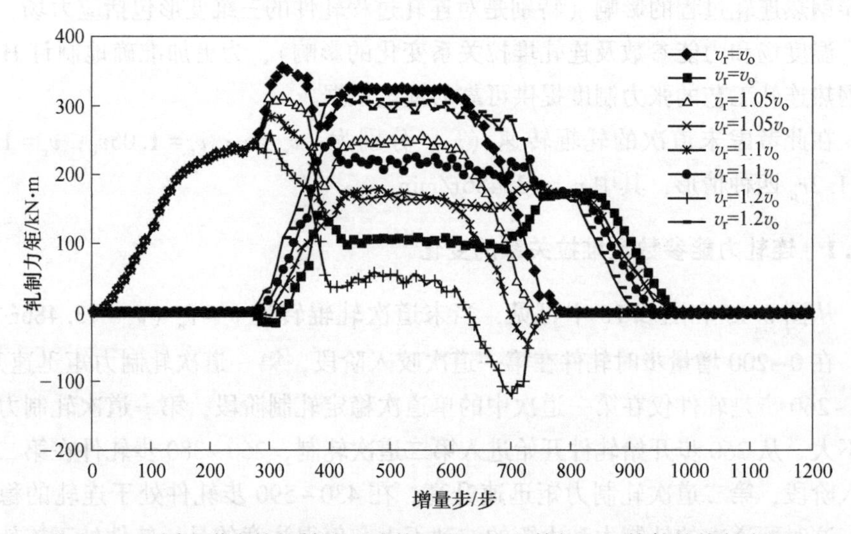

图 6.16 不同末道次轧辊转速下连轧 ϕ200mm 芯棒钢 1/4 轧件的轧制力矩

从图 6.15 和图 6.16 中还可观察到，随着 v_r 的升高，连轧阶段各道次轧制力及第一道次轧制力矩均降低而第二道次轧制力矩升高。当末道轧辊转速 $v_r = 1.05v_o$，时，连轧阶段存在轻微的堆钢现象；当 $v_r = 1.1v_o$，连轧阶段存在拉钢现象；当 $v_r = 1.2v_o$，连轧阶段存在较强烈的拉钢现象。相比之下，当 $v_r = 1.05v_o$ 时即存在轻微堆钢现象时连轧过程的轧制力和轧制力矩变化更为稳定。

由此可见，降低末道次轧辊转速 v_r 会增强连轧过程中道次之间的堆钢程度；反之，提高末道次轧辊转速 v_r 会增强连轧阶段道次之间的拉钢程度。因此在实际生产中可以通过轧辊转速的适当修正来调整和改善大规格 H11 芯棒钢热连轧过程中的堆拉关系及其轧制负荷变化从而优化轧制工艺。

6.3.2 轧件中部节点位移、应力、应变和温度分布的变化

不同末道次轧辊转速 v_r 条件下连轧 ϕ200mm 圆钢轧后轧件节点位移量、应力、应变和温度变化如图 6.17 所示。从中可见，随着 v_r 的增大，连轧过程拉钢现象愈加严重，轧后轧件中部最高节点（1 号节点）高度方向的位移量变化很小，最宽节点（15 号节点）沿宽度方向的位移量有明显增加即轧件宽展减小，所以可通过调整轧辊转速及相应的连轧堆拉关系来调整轧件宽展量及其轧后成品尺寸精度。

随着 v_r 的增大，温度虽有所升高但变化不大，这主要是由于 v_r 增大，轧制速度提高，轧制过程温降减少而变形功增加，又 v_r 及其变化值不是太大，所以总体温度升高不大。

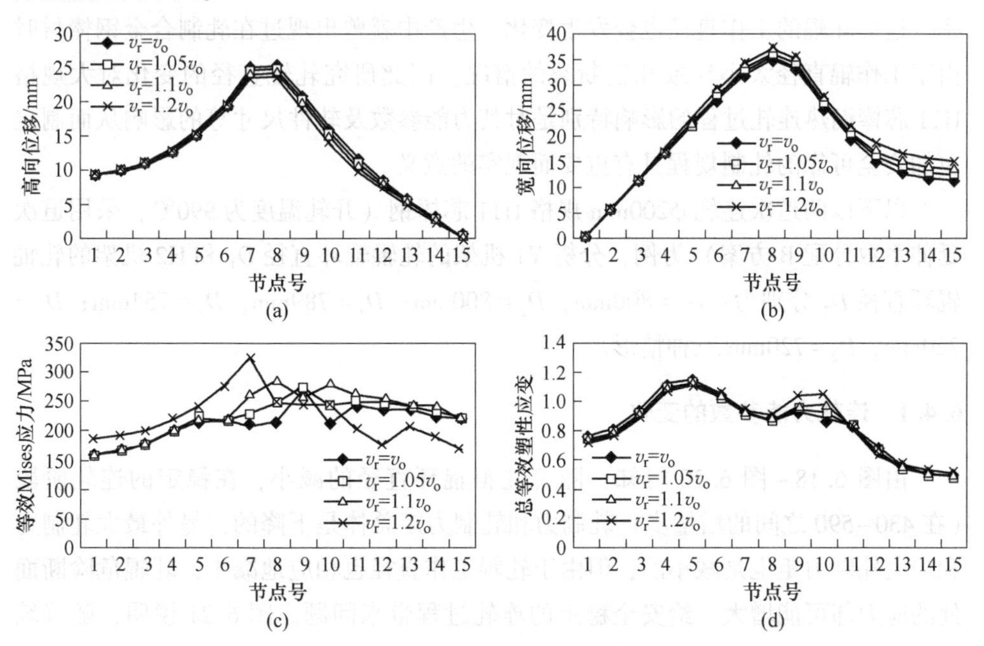

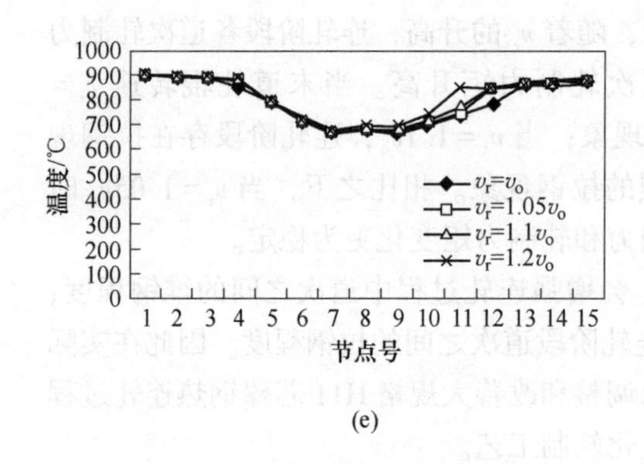

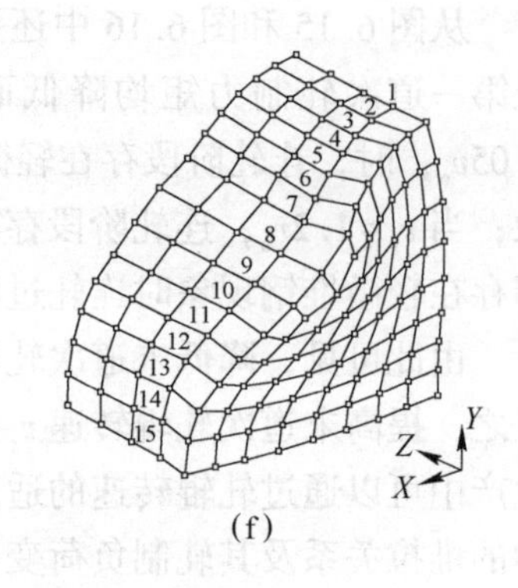

图 6.17 不同末道次轧辊转速（v_r）下连轧 ϕ200mm 芯棒钢轧后轧件中部节点的位移量、应力、应变和温度变化

(a) 高向位移；(b) 宽向位移；(c) 等效 Mises 应力；(d) 总等效塑性应变；(e) 温度；(f) 选择的节点

当 $v_r=1.2v_o$ 时，轧件最高点（1 号节点）和最宽点（15 号节点）处的等效 Mises 应力分别有明显的升高和降低，而总等效塑性应变分别有较小的降低和增加。

6.4 轧辊直径变化对连轧过程的影响

轧辊在轧制过程中由于磨损等各方面原因，在整个服役期间均有一定的重车率，这样轧辊的工作直径也会发生变化。生产中就曾出现过在轧制合金钢棒材时由于工作辊直径太小导致轧辊断裂的情况。因此研究轧辊直径的变化对大规格 H11 芯棒钢热连轧过程的影响特别是对其力能参数及轧件尺寸等的影响从而制定更加安全可靠的轧制规程具有重要而现实的意义。

以下以两道次连轧 ϕ200mm 规格 H11 芯棒钢（开轧温度为 990℃，采用道次延伸系数分配 B 方案）为例，分析 V1 机架的轧辊辊环直径 D_1 和 H2 机架的轧辊辊环直径 D_2 分别为：$D_1=800$mm，$D_2=800$mm；$D_1=789$mm，$D_2=754$mm；$D_1=720$mm，$D_2=720$mm 三种情形。

6.4.1 连轧力能参数的变化

由图 6.18～图 6.20 可知，随着轧辊辊环直径的减小，在稳定的连轧阶段（在 430～590 之间的增量步）轧制力和轧制力矩总体是下降的，另外最大轧制力和最大轧制力矩也是减小的，但由于轧辊工作直径也相应地减小，轧辊危险断面处的应力却可能增大，给安全稳定的连轧过程带来问题。图 6.21 说明，随着轧辊辊环直径的减小，轧辊辊颈和辊头应力均有少量减小，但两个道次的轧辊辊身应力有明显增加，当轧辊辊环直径为 720mm 时，V1 和 H2 机架轧辊的辊身应力已远超出其许用应力([σ] = 126MPa)。

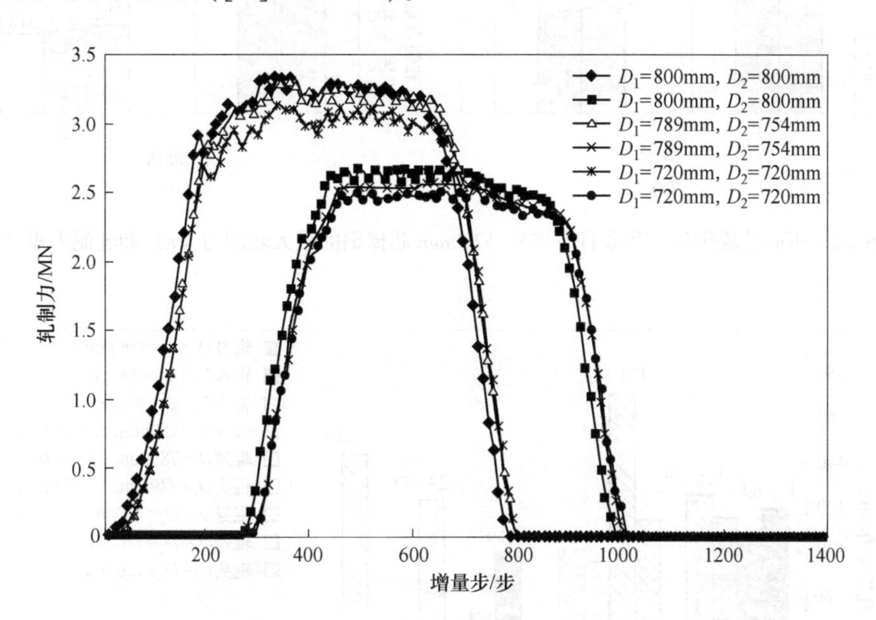

图 6.18 不同轧辊辊环直径的条件下连轧 φ200mm 芯棒钢 1/4 轧件的轧制力

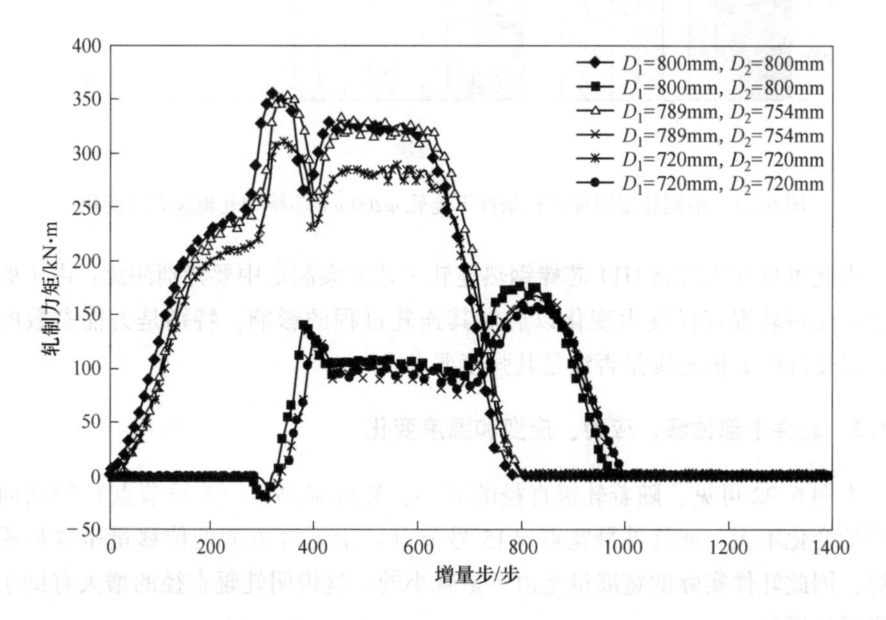

图 6.19 不同轧辊辊环直径的条件下连轧 φ200mm 芯棒钢 1/4 轧件的轧制力矩

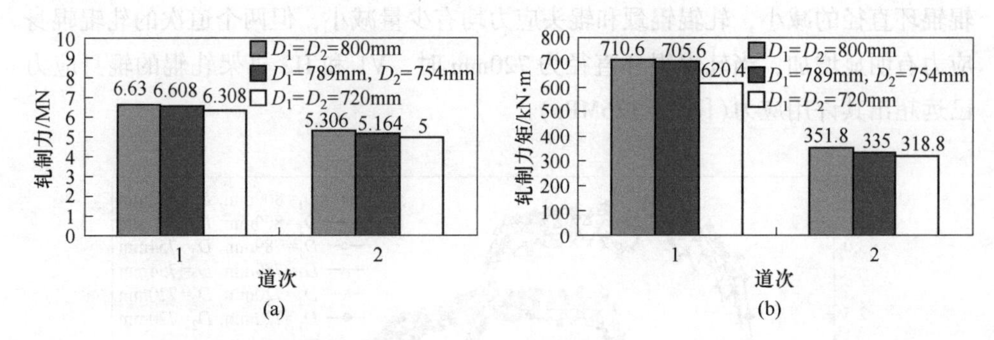

图 6.20　不同轧辊辊环直径条件下连轧 ϕ200mm 芯棒钢的最大轧制力（a）和轧制力矩（b）

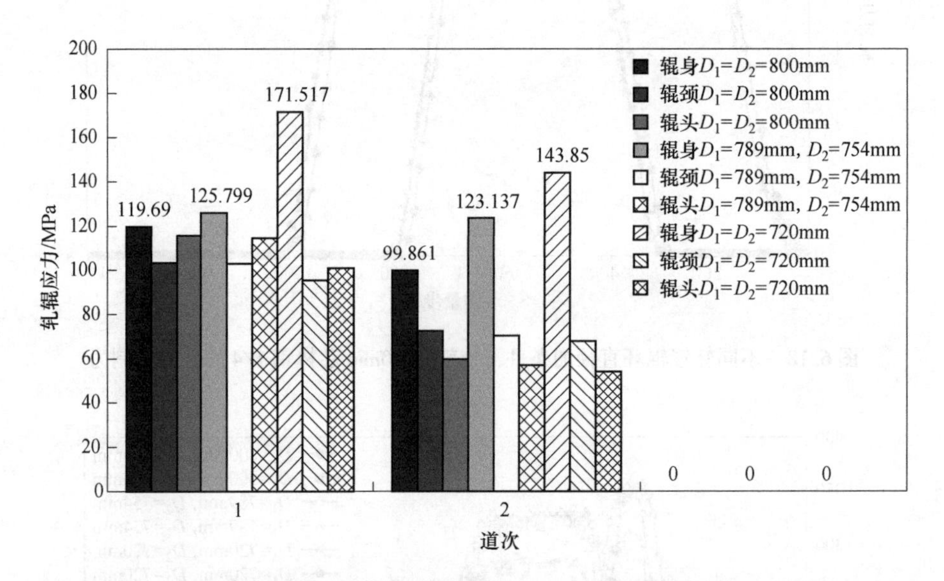

图 6.21　不同轧辊辊环直径条件下连轧 ϕ200mm 芯棒钢轧辊应力的变化

由此可见在大规格 H11 芯棒钢热连轧工艺方案制定中要特别注意：由于磨损及重车使得轧辊直径发生变化以后对其连轧过程的影响，特别是力能参数的变化，以便准确分析轧辊是否满足其强度要求。

6.4.2　轧件中部位移、应力、应变和温度变化

由图 6.22 可见，随着轧辊直径的减小，轧件最高点（1 号节点）的高向位移量的变化不大，而轧件最宽点（15 号节点）沿宽度方向的位移量呈少量递增趋势，因此轧件实际的宽展量是由少量减小的。这说明轧辊直径的增大有助于轧件宽展的增加。

不同轧辊辊环直径条件下连轧 ϕ200mm 圆钢轧件轧后中部节点的应力、应变

和温度的变化不大。这说明当其他条件不变，仅轧辊辊环直径在一定范围内的变化对轧后轧件的应力、应变和温度的影响较小。

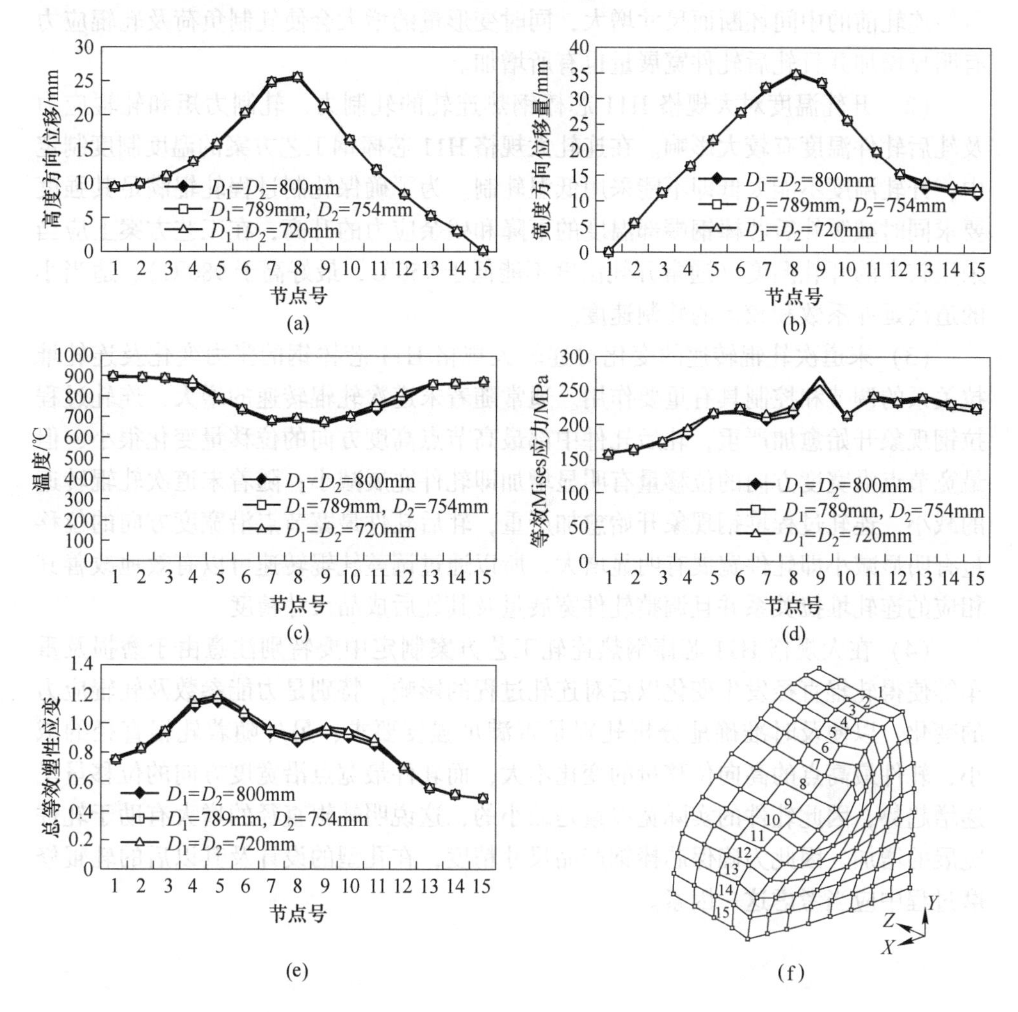

图 6.22 不同轧辊辊环直径时连轧 ϕ200mm 芯棒钢轧件中部节点的位移量、应力、应变和温度

(a) 高度方向位移；(b) 宽度方向位移；(c) 温度；(d) 应力；(e) 应变；(f) 轧件上的节点号

6.5 本章小结

在准确建立大规格 H11 芯棒钢热连轧过程有限元模型的基础上，采用三维热力耦合弹塑性大变形有限元模拟仿真技术对不同轧制工艺参数的变化（包括道次延伸系数、开轧温度、轧辊转速和轧辊直径变化引起的连轧张力变化等）对连轧

过程的影响情况进行了有效分析，得出如下重要结论：

(1) 在成品规格一定条件下，增大连轧大规格 H11 芯棒钢的道次延伸系数可使连轧前的中间坯断面尺寸增大，同时变形量的增大会使轧制负荷及轧辊应力有明显增加并且轧后轧件宽展量也有所增加。

(2) 开轧温度对大规格 H11 芯棒钢热连轧的轧制力、轧制力矩和轧辊应力及轧后轧件温度有较大影响。在连轧大规格 H11 芯棒钢工艺方案的温度制度制定中，开轧温度不能太低即不能采用低温轧制。为了确保轧制过程轧辊满足其强度要求同时减缓轧后芯棒钢端部温度的下降和残余应力的升高，在工艺方案上应当采用较高的开轧温度（通常开轧温度不能低于 950℃，最好高于 980℃）、适当小的道次延伸系数和较大的轧制速度。

(3) 末道次轧辊转速的变化对连轧大规格 H11 芯棒钢的张力变化及连轧堆拉关系的调节和控制具有重要作用。通常随着末道次轧辊转速的增大，连轧过程拉钢现象开始愈加严重，轧后轧件中部最高节点高度方向的位移量变化很小，但最宽节点沿宽度方向的位移量有明显增加即轧件宽展减小；随着末道次轧辊转速的减小，连轧过程堆钢现象开始愈加严重，轧后轧件最宽节点沿宽度方向的位移量有明显减小即轧件宽展有明显增大。所以通过调整轧辊转速可以有效地改善其相应的连轧堆拉关系并且调整轧件宽展量及其轧后成品尺寸精度。

(4) 在大规格 H11 芯棒钢热连轧工艺方案制定中要特别注意由于磨损及重车等使得轧辊直径发生变化以后对连轧过程的影响，特别是力能参数及轧辊应力的变化，以便及时准确地分析轧辊是否满足强度要求；另外随着轧辊直径的减小，轧件最高点的高向位移量的变化不大，而轧件最宽点沿宽度方向的位移量呈递增趋势，因此轧件的实际宽展量是减小的，这说明轧辊直径的增大有助于轧件宽展的增加，因此为确保芯棒钢产品尺寸精度，在孔型的设计及其以后的轧辊修磨过程中应当考虑这一因素。

7　合金钢轧制力及轧件变形模拟结果与现场实测值比较

由于该6VH钢坯热连轧机本身没有测压装置，无法直接得到连轧轧制力的实测值，但连轧机组前的1号初轧机和2号初轧机均有测压装置。为了能够对本书所用模拟仿真的方法（包括边界条件的处理方法等）及其结果（特别是轧制力等参数）进行比较，制定如下实验方案：

（1）对轧件在2号初轧机第4号箱形孔型中最后一道次轧制进行模拟并将轧制力的模拟仿真结果与现场实测值进行比较，验证轧制力模拟结果的可靠性；

（2）对合金钢现有规格的ϕ153mm芯棒在6VH连轧机组上的连轧过程进行三维模拟仿真，将成品高度方向与宽度方向直径的模拟结果与现场实测值进行比较，从而验证金属变形量（包括宽展）模拟结果的可靠性。

7.1　初轧轧制力及轧件变形的比较

7.1.1　合金钢初轧及连轧工艺条件

合金钢轧制工艺流程如图7.1所示。

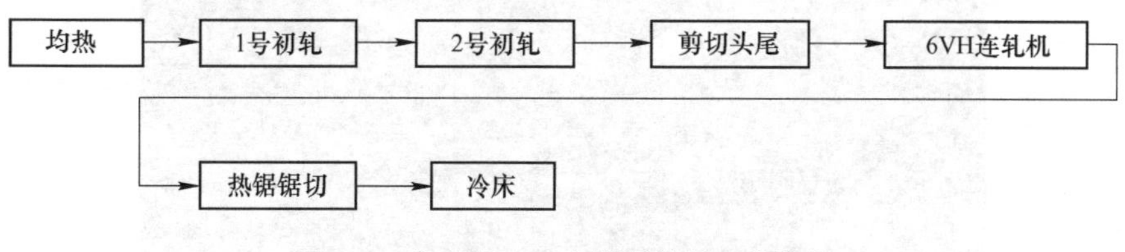

图7.1　合金钢H11芯棒钢轧制工艺流程

选择H11芯棒钢大方坯在2号初轧机第4号箱形孔型（图7.2）中的最后一个轧制道次（经过该道次轧出进连轧机前所要求的中间坯料）进行研究，轧件在该道次的初始温度为1058℃，该道次的压下量为15mm，轧前轧件断面的平均尺寸如图7.3所示。轧辊转速为80r/min，轧辊辊环直径为1245mm。

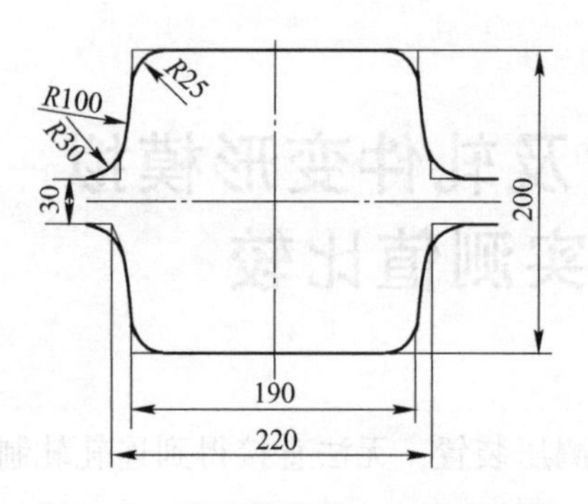

图 7.2 2 号初轧机第 4 号箱形孔型
（单位：mm）

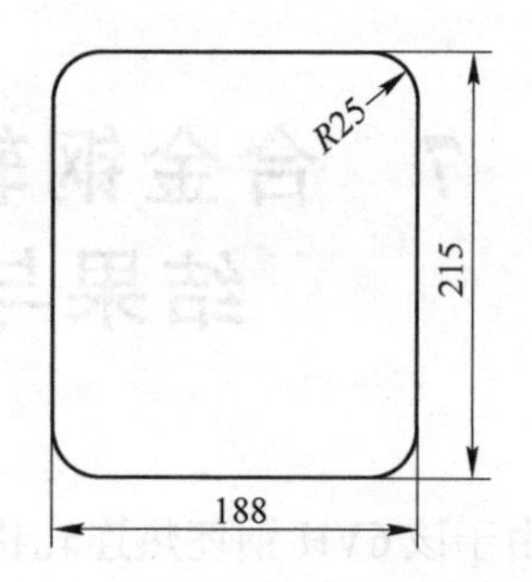

图 7.3 轧前轧件断面的平均尺寸
（单位：mm）

7.1.2 轧制力和轧件尺寸现场实测

在初轧和连轧机组轧制了 1 炉（共 14 根钢）ϕ153mm 规格 H11 芯棒钢。图 7.4 为芯棒钢坯从 2 号初轧机第 4 号孔型最后一道次轧出的情况。在整个轧制过程中通过对初轧机测压装置的纪录以及轧后芯棒钢坯尺寸的测定，得到了芯棒钢轧制的相关现场实际数据如下：

（1）根据生产现场 2 号初轧机的测压装置的纪录，测得 2 号初轧机第 4 号孔型最后一道次稳定轧制时轧制力的实测值平均为 220t（即 2.156×10^6N），该道次轧后轧件宽度为 197mm，高度 199mm；

（2）经过热连轧从 H4 机架轧出的 ϕ153mm 芯棒钢的高向直径实测值为 154.2mm，宽向直径实测值为 154.5mm。

图 7.4 从 2 号初轧机第 4 号孔型最后一道次轧出的轧件

7.1.3 模拟仿真结果与实测值比较

7.1.3.1 有限元模型及相关边界条件

在 MSC. Marc 的 Mentat 前处理器里建造有限元模型时，根据对称性，可取1/4轧件为分析对象。考虑到需要给予轧件足够长的稳态轧制过程以便分析比较完整的轧制过程同时减少计算时间，轧件长度要大于变形区长度，在此轧件长度取330mm。选择八节点六面体等参单元划分有限元网格，轧件沿长度方向取 33 等份，轧件横断面取 88 个单元，共采用 2904 个单元和 3638 个节点。

采用更新的 Lagrange 算法、Prandtl-Reuss 流动方程以及 von Mises 屈服准则等理论处理热轧过程的热力耦合大变形问题。轧件定义为弹塑性变形接触体，轧辊定义为刚性接触体，轧件与轧辊之间采用剪切摩擦模型，摩擦因子取 0.7，由此建造轧件和轧辊等接触体的三维有限元模型，如图 7.5 所示。

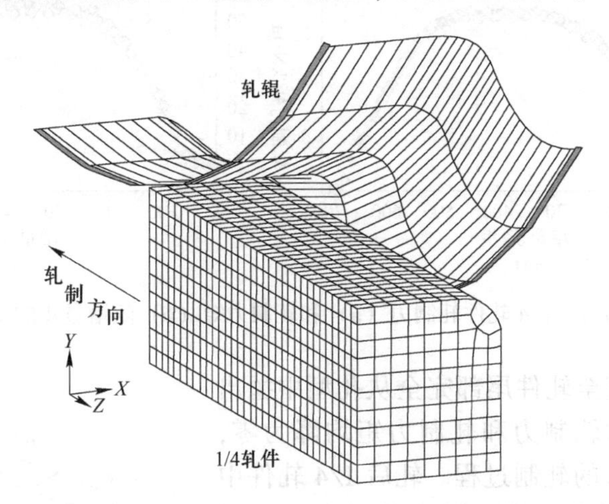

图 7.5 2 号初轧机第 4 号箱形孔型中轧制的有限元模型

在确定传热边界条件时主要考虑轧件与周围环境的对流和辐射换热以及轧件本身及其与轧辊孔型接触时的热传导。包含对流和辐射的等效换热系数取 0.17kW/(m^2·℃)，轧件与轧辊的接触热传导系数取 20kW/(m^2·℃)。另外金属塑性变形的热功转换系数取 0.9。

7.1.3.2 模拟仿真结果的分析

图 7.6 为 1/4 轧件在变形的不同阶段的变形情况，图 7.7 为 1/4 轧件的轧制力和轧制力矩随增量步变化的曲线。从中可见，当增量步为 40 步时轧件开始咬入，轧件在咬入阶段（40~220 步）轧制力和轧制力矩随增量步的增加而升高，之后（220 步）开始进入稳态轧制过程（220~460 步之间），这时轧制力和轧制力矩的波动范围较小。进入 460 步以后轧制力和轧制力矩开始下降，轧件进入非

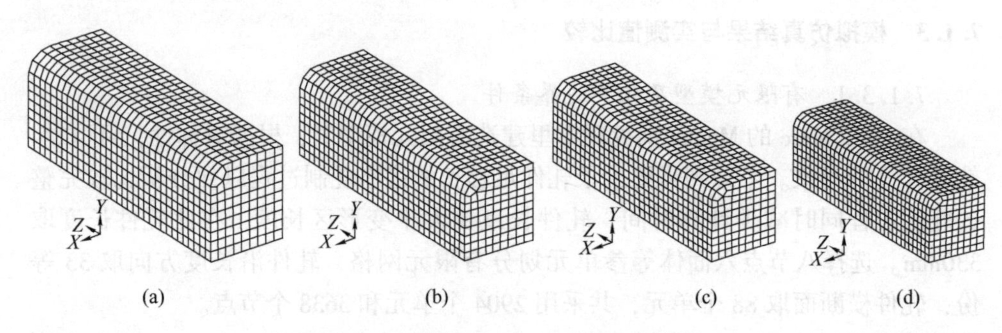

图 7.6 不同增量步时 1/4 轧件的变形

(a) 增量步 40；(b) 增量步 220；(c) 增量步 300；(d) 增量步 690

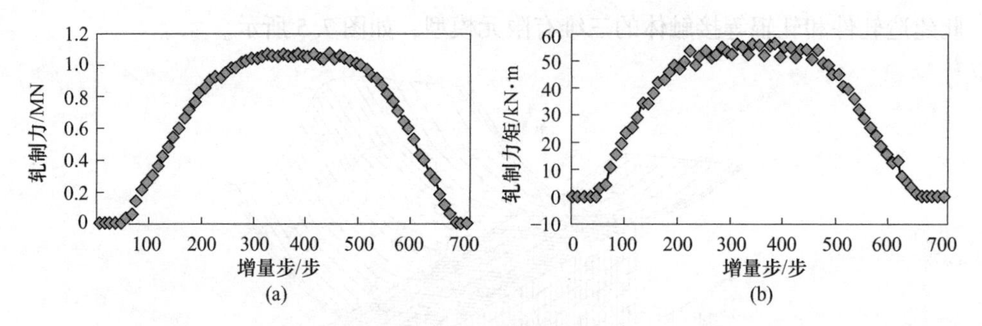

图 7.7 1/4 轧件轧制力（a）和轧制力矩（b）随增量步的变化

稳态轧制阶段直至轧件尾部完全从孔型中抛出（690 步），这时轧制力和轧制力矩均降为零，从而结束该道次的轧制过程。轧后 1/4 轧件中部表面和侧面的相关节点及其位移量，如图 7.8 和图 7.9 所示。

从图 7.7 可知，1/4 轧件稳态轧制时轧制力模拟值约为 1.05×10^6N，则整个轧件轧制力的模拟值为 2.1×10^6N，实测值平均为 2.1582×10^6N，两者相差约 2.697%，可见轧制力模拟结果的精度是较高的。

从图 7.9 中可见，1/4 轧件轧完后上表面节点的高向平均位移量为 7.5065mm；侧面节点的横向平均位移量为 2.2129mm，因此轧后的轧件高度为 199.987mm，平均宽度为 192.426mm，误差分别为 0.496%和 2.32%。

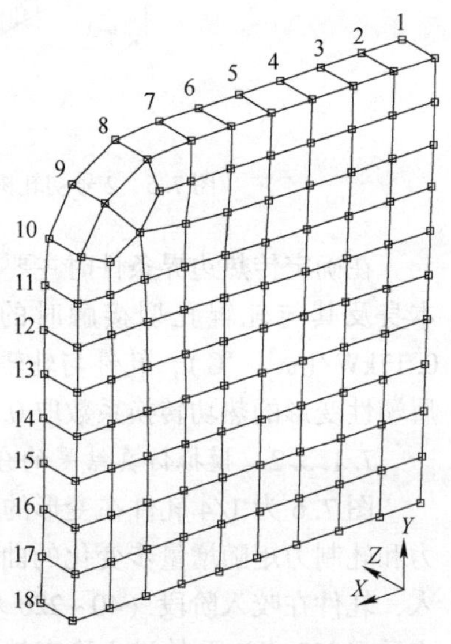

图 7.8 轧后 1/4 轧件中部表面和侧面的相关节点

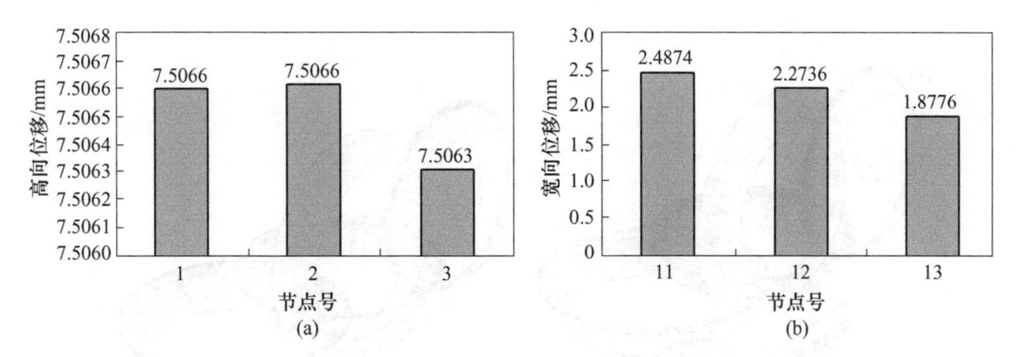

图 7.9 轧后 1/4 轧件中部表面相关节点的高向位移量（a）及侧面相关节点的宽向位移量（b）

7.2 连轧芯棒钢轧件尺寸比较

连轧 ϕ153mm 芯棒前中间坯料断面为 199×197mm，圆角 25mm，轧件初始温度为 988℃。由于对称性，可取 1/4 轧件为分析对象建造有限元模型。考虑到需要给予轧件足够长的稳态轧制过程以便分析比较完整的轧制过程同时减少运算时间，轧件长度在此取 994mm。选择八节点六面体等参单元划分有限元网格，轧件沿长度方向取 71 等份，轧件横断面取 48 个单元，共采用 3408 个单元和 4464 个节点。采用更新的 Lagrange 算法、Prandtl-Reuss 流动方程以及 von Mises 屈服准则等理论处理热轧过程的热力耦合大变形问题。轧件定义为弹塑性变形接触体，轧辊定义为刚性接触体，轧件与轧辊之间采用剪切摩擦模型，摩擦因子取 0.7，由此建造轧件和轧辊等接触体的三维有限元模型，如图 7.10 所示。

在确定传热边界条件时主要考虑轧件与周围环境的对流和辐射换热以及轧件本身及其与轧辊孔型接触时的热传导。包含对流和辐射的等效换热系数取 0.17kW/(m^2·℃)，轧件与轧辊的接触热传导系数取 20kW/(m^2·℃)。另外金属塑性变形的热功转换系数取 0.9。

根据模拟仿真可得到（见图 7.11），最高点 A 的高向（沿 Y 轴方向）位移为 22.14mm，最宽点 B 的宽向（沿 X 轴方向）位移为 21.65mm。因此轧后芯棒的高向直径为 199－2×22.14＝154.7mm（实测值为 154.2mm），宽向直径为 153.7mm（实测值为 154.5mm），误差分别为 0.324%和 0.518%。

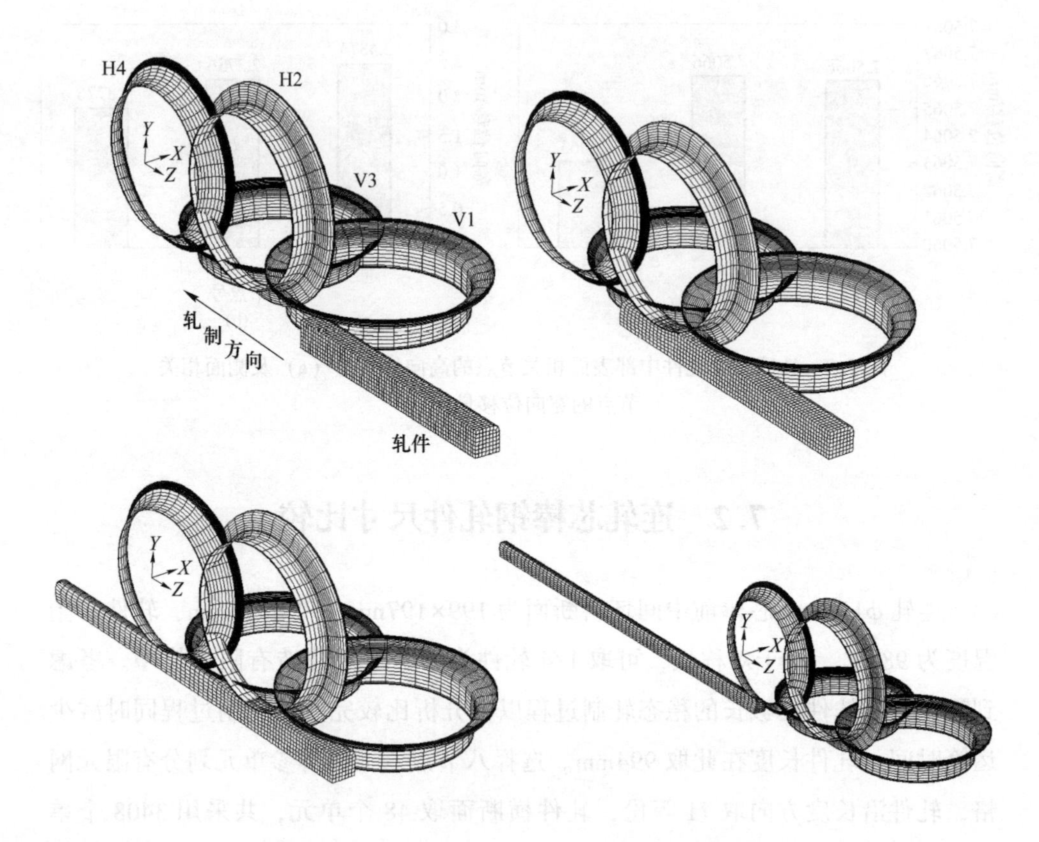

图 7.10 连轧 ϕ153mm 芯棒钢有限元模型

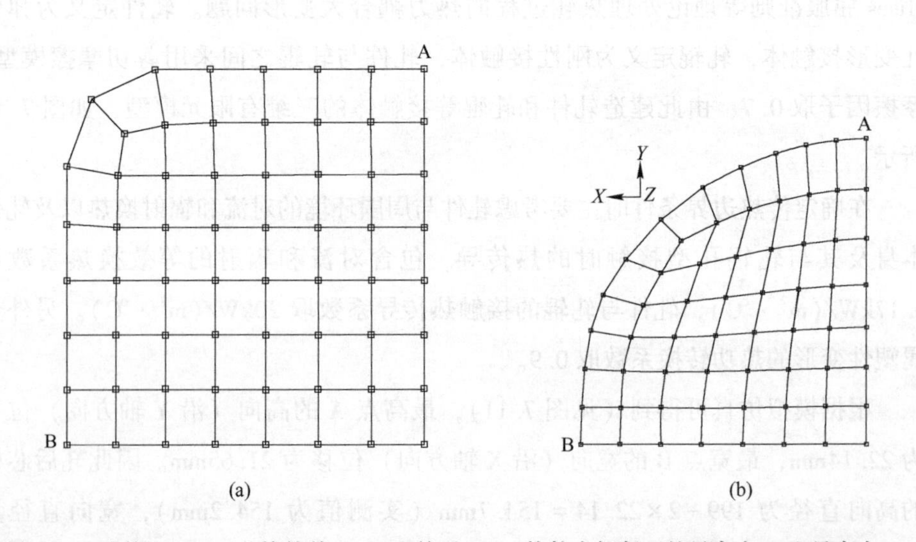

图 7.11 连轧 ϕ153mm 芯棒轧前（a）和轧后（b）轧件中部断面的最高点 A 和最宽点 B

7.3 本章小结

通过对H11芯棒钢在2号初轧机第4号孔型最后一道次中的轧制力与轧件变形及连轧后轧件变形的模拟仿真，并将模拟结果与现场实测值进行比较，说明采用三维热力耦合弹塑性大变形有限元理论对H11芯棒钢热连轧过程进行三维模拟仿真的方法和结果是可行与可靠性的。

8　大规格合金钢棒材在冷床上工艺稳定性的模拟分析

连轧机轧出的H11芯棒钢，若不能在专用U-V形齿板冷床上实现稳定地滚动冷却，也无法得到合格产品。因此冷床是影响大规格H11芯棒钢顺利生产的重要因素。以下对大圆钢在冷床U形和V形齿板上运动的稳定性及大圆钢允许的最大直径进行理论分析计算及模拟，为工艺决策提供理论指导。

8.1　冷床结构及运动过程

8.1.1　U-V形冷床的结构

大圆钢冷床的台面是由两组不同形状的活动齿板组成的，一种齿板具有类似V形状的齿沟，称之为V形齿板；另一种齿板具有类似U形状的齿沟，称之为U形齿板。借助于它们的相互错动，使芯棒钢在其上方做步进移动，同时自身轴旋转，从而达到均匀冷却的效果，如图8.1所示。

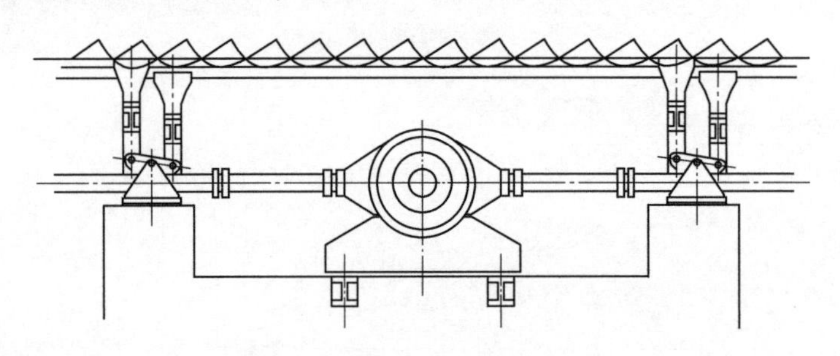

图8.1　U-V形冷床结构示意图

当V形齿板向上运动时，U形齿板向下运动；当V形齿板向左运动时，U形齿板向右运动。V形齿板和U形齿板在台面之上作均匀分布，各具有14条。U形、V形两齿板间距为300mm。由于齿板过长，分6段做成独立的多段式，接缝处用搭接板连接，搭接板只与其中之一齿板焊接而与另一齿板不相连接。14根同形齿板相互之间通过横梁保持距离。由于横梁过长，全台面分为两段，每横梁段上有7根齿板。每段横梁的下方均设有三个导轨。正对导轨的下方设有三角形托架。U形、V形齿板组件，分别放在三角形托架的两侧托轮之上。托轮内装滑动轴承，而其心轴则固定在三角形托架上。这个托架在两托轮中心线上的中心点，通过销轴安装在地面上的底座之上。三角形托架支承销轴下方等半径处还有一个连杆铰点，当此铰点做水平摆动时托架上的托轮将做上下摆动，这样就完成了U形、V形两齿板上下错开的升降运动。

8.1.2 大圆钢在冷床上的运动过程分析

大规格芯棒圆钢在U-V形冷床上的运动过程较为复杂，涉及的因素包括圆钢直径、上冷床时的初速度、摩擦等。根据冷床特点，现将大圆钢在冷床上的运动过程分解为3种情形：(1) 滚动+滑动+多次碰撞；(2) 滚动+滑动+单次碰撞；(3) 纯滚动+碰撞。可从能量损失的方面研究其稳定性，圆钢在运动过程中能量的损失包括碰撞损失和摩擦损失两个部分能量，摩擦又分为滚动摩擦和滑动摩擦。设圆钢上冷床的初速度为v_0，则圆钢从U形或V形槽中一端运动到另一端后，速度变为零，则可得圆钢稳定的临界条件是：

$$1/2mv_0^2 = W_{摩擦} + W_{碰撞} \tag{8.1}$$

由于圆钢在运动过程中，能量损失愈多则在冷床上的稳定性愈佳。为计算方便和可靠，可将圆钢的运动假设为第三种情形即纯滚动+碰撞：在圆钢运动过程中碰撞之前做纯滚动，碰撞后其运动速度方向与其所碰撞的侧壁相平行并且仍沿着侧壁做纯滚动。圆钢在做纯滚动时，摩擦力只改变其运动方向。圆钢碰撞后运动方向实际是不确定的，假设其运动方向沿侧壁平行是有利于它滑出V形槽方向，显然在此种假设条件下大圆钢运动所损失的能量将小于实际情况损失的能量，若假设条件下的计算结果稳定，则实际情况下更能保证稳定。

8.2 大圆钢在冷床上运动参数的计算

以下内容未注明的长度单位均为mm。

确定能够与V形槽（图8.2）两壁相切的最大圆钢直径D，如图8.3所示。

$$AB^2 = 2b_V^2 - 2b_V^2\cos(\alpha_1 + \alpha_2) \tag{8.2}$$

$$AB^2 = 2 \times 137.77^2 - 2 \times 137.77^2\cos109°$$

$$AB = 224\text{mm}$$

$$R_{切max} = 112/\sin35.565° = 192.564\text{mm}$$

$$D = 2R = 385.1\text{mm}$$

确定圆钢与U形槽（图8.2）左右两边同时相切的最大直径计算（图8.4）。

$$\frac{AB}{\sin(180° - \alpha_{U1} - \alpha_{U2})} = \frac{BC}{\sin\angle A} \tag{8.3}$$

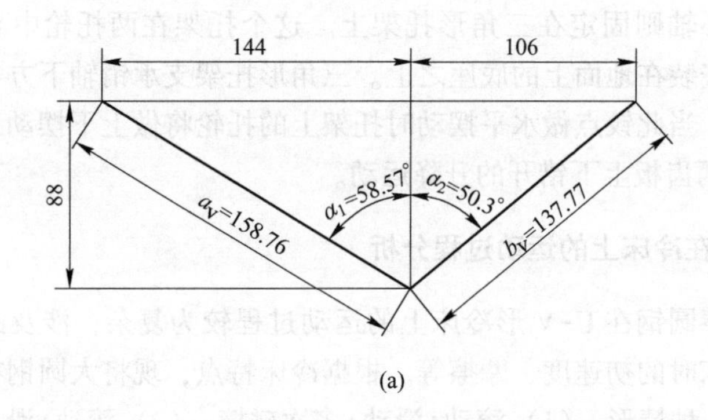

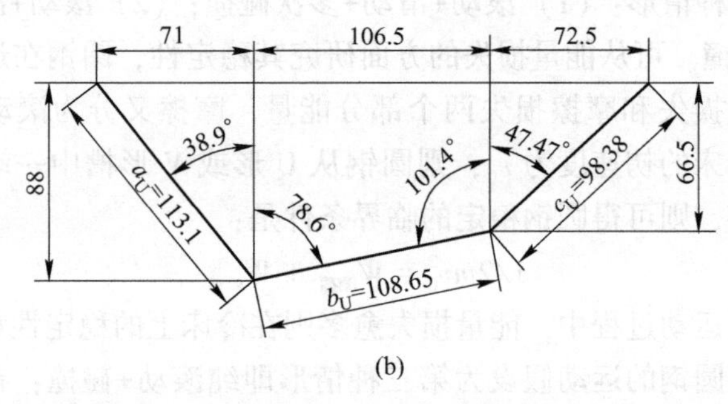

图 8.2 V 形槽（a）和 U 形槽（b）尺寸

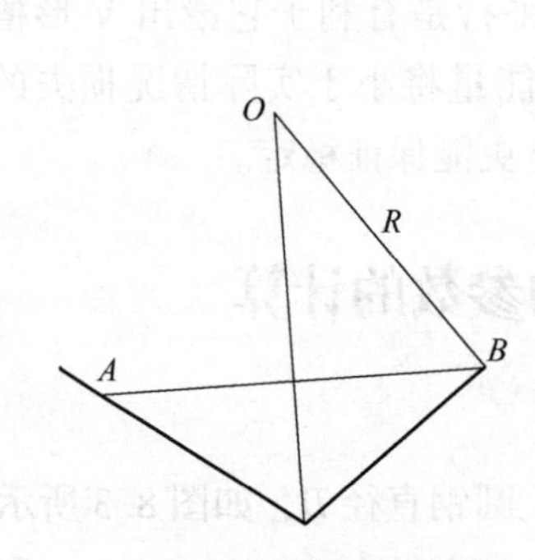

图 8.3 最大直径圆钢与 V 形槽两壁 A、B 切点

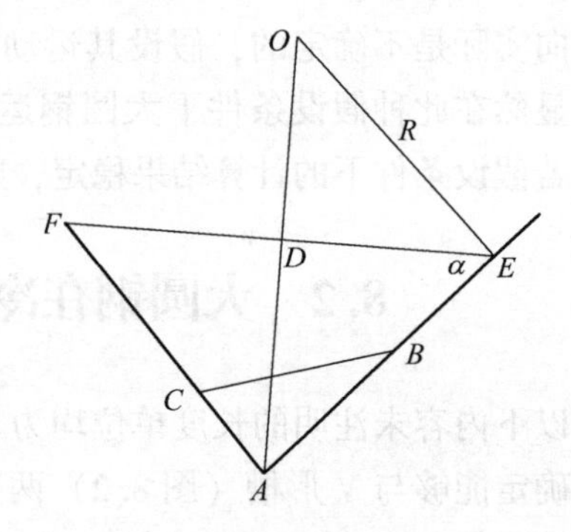

图 8.4 最大直径圆钢与 U 形槽两壁 E、F 切点

$$\angle C = 62.5°$$

$$\angle B = 180° - 101.4° - 47.47° = 31.13°$$

$$\alpha = \frac{1}{2}(180° - A) = 46.82°$$

$$AB = \frac{108.65}{\sin 86.37°} \times \sin 62.5° = 96.57\text{mm}$$

$$R = AE\tan\frac{A}{2} = (96.57 + 98.38)\tan\frac{A}{2} = 183\text{mm}$$

$$D = 2R = 366\text{mm}$$

确定圆钢与 U 形槽左底右三边同时相切的最大直径计算：

$$x = R\cot\frac{117.5°}{2}$$

$$y = R\cot\frac{148.87°}{2}$$

$$x + y = b_u = 108.65\text{mm}$$

$$R = \frac{108.65}{\cot58.75° + \cot74.44°} = 123\text{mm}$$

根据以上的计算结果，当圆钢直径大于 246mm 时圆钢在 U 形槽中不与其底边接触，此时的 U 形槽可以等同于 V 形槽。当圆钢直径小于 246mm 时，圆钢将与 U 形槽三边接触，根据我们假设的运动条件圆钢在运动过程中将会与 U 形槽碰撞两次，两次改变运动方向。

圆钢在 V 形槽中的碰撞如图 8.5 所示。设圆钢在与 V 形槽发生碰撞前重心变化为 Δh_V，圆钢直径大于 246mm 时，与 U 形槽碰撞时的重心变化为 Δh_U；当圆钢直径小于 246mm 时，圆钢与 U 形槽第一次碰撞的重心变化为 Δh_{U1}，第二次碰撞时重心变化为 Δh_{U2}。当圆钢直径小于 385.1mm 时圆钢在 V 形槽上碰撞时的重心变化以及当圆钢直径大于 246mm 时圆钢在 U 形槽碰撞时的重心变化，其计算过程分别如下：

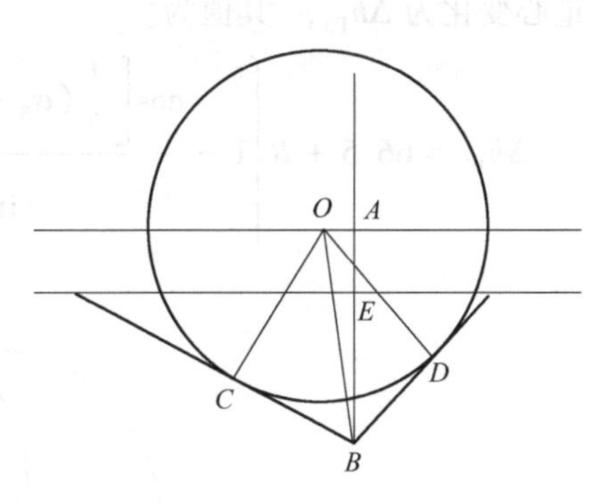

图 8.5 圆钢在 V 形槽中的碰撞

$$BO = \frac{R}{\sin\frac{1}{2}(\alpha_1 + \alpha_2)}$$

$$AB = BO\cos\left[\frac{1}{2}(\alpha_1 + \alpha_2) - \min(\alpha_1, \alpha_2)\right]$$

$$AE = AB - h$$

$$\Delta h_V = R - AE = R\left\{1 - \frac{\cos\left[\frac{1}{2}(\alpha_1 + \alpha_2) - \min(\alpha_1, \alpha_2)\right]}{\sin\frac{1}{2}(\alpha_1 + \alpha_2)}\right\} + h$$

$$\Delta h_V = 88 - 0.225R \tag{8.4}$$

$$\Delta h_{U} = 132 - 0.463R \tag{8.5}$$

当圆钢直径小于 246mm 时圆钢在 U 形槽第一次和第二次碰撞（如图 8.6 所示）时的重心变化计算如下：

第一次碰撞：

$$\Delta h_{U1} = R\left\{1 - \frac{\cos\left[\frac{1}{2}(\alpha_1 + \alpha_2) - \min(\alpha_1, \alpha_2)\right]}{\sin\frac{1}{2}(\alpha_1 + \alpha_2)}\right\} + h = 88 - 0.1R$$

$$O_1O_2 = BC - BM - NC = BC - R\left(\cot\frac{\alpha_1 + \alpha_2}{2} + \cot\frac{\alpha_3 + \alpha_4}{2}\right)$$

$$\Delta h_{U2} = O_2G = O_1O_2\sin\beta = \left[BC - R\left(\cot\frac{\alpha_1 + \alpha_2}{2} + \cot\frac{\alpha_3 + \alpha_4}{2}\right)\right]\frac{21.5}{b_U}$$

$$\Delta h_{U2} = 21.5 - 0.18R$$

第二次碰撞后，圆钢若能滚到 U 形槽顶部，设圆钢从第二次碰撞点到顶部的重心变化为 Δh_{U3}，其值为：

$$\Delta h_{U3} = 66.5 + R\left\{1 - \frac{\cos\left[\frac{1}{2}(\alpha_3 + \alpha_4) - \min(\alpha_3, \alpha_4)\right]}{\sin\frac{1}{2}(\alpha_3 + \alpha_4)}\right\} = 66.5 + 0.073R$$

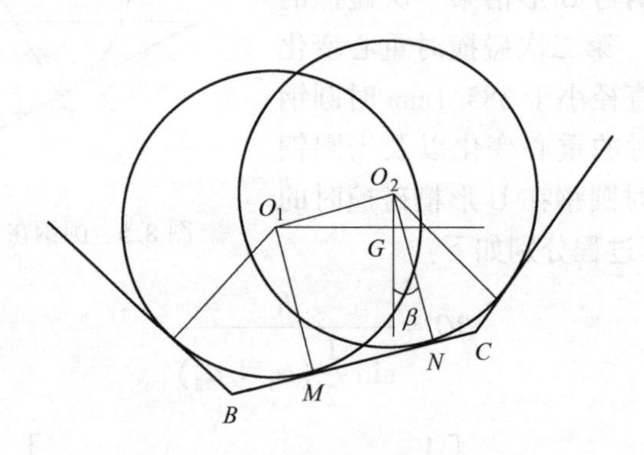

图 8.6 圆钢在 U 形槽中的碰撞

圆钢与 V 形槽碰撞过程中的计算或圆钢直径大于 246mm 时与 U 形槽碰撞过程的计算过程如下：

圆钢与 V 形槽壁发生碰撞的运动参数如图 8.7 所示。设圆钢初速度 v_0，碰撞前速度为 v_1，碰撞后速度为 v_2。其中 $v_0 = 0.3\text{m/s}$。J 为转动惯量，ω 为角速度。

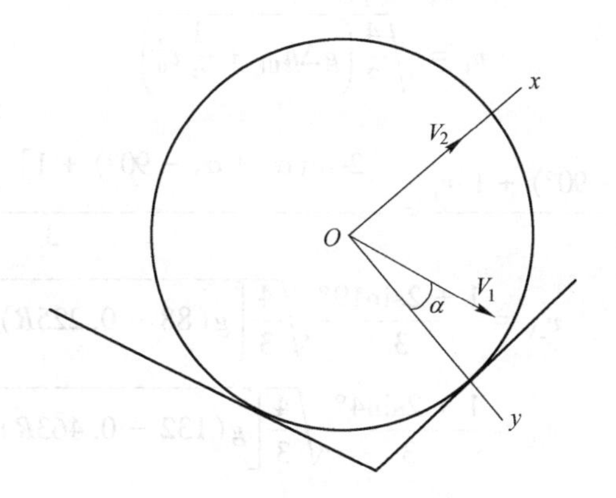

图 8.7 圆钢与 V 形槽壁发生碰撞的运动参数

$$mg\Delta h + \frac{1}{2}mv_0 = \frac{1}{2}J\omega^2 + \frac{1}{2}mv_1^2$$

$$mg\Delta h + \frac{1}{2}mv_0 = \frac{1}{2} \times \frac{1}{2}mR^2\left(\frac{v_1}{R}\right)^2 + \frac{1}{2}mv_1^2$$

$$v_1 = \sqrt{\frac{4}{3}\left(g\Delta h + \frac{1}{2}v_0^2\right)}$$

$$v_{1x} = v_1\sin(\alpha_1 + \alpha_2 - 90°),\ v_{1y} = v_1\cos(\alpha_1 + \alpha_2 - 90°)$$

$$mv_{2y} - m(-v_{2y}) = I_N$$

$$mv_{2x} - mv_{1x} = I_F$$

$$J_c\omega_{后} - J_c\omega_{前} = -I_FR$$

$$mv_{2y} = 0$$

解得：

$$\frac{1}{2}mR^2\frac{v_2}{R} - \frac{1}{2}mR^2\frac{v_1}{R} = -I_FR$$

$$mv_2 - mv_1 = -2m(v_x - v_{2x})$$

$$v_2 = \frac{2v_x + v_1}{3} = \frac{[2\sin(\alpha_1 + \alpha_2 - 90°) + 1]v_1}{3}$$

$$= \frac{[2\sin(\alpha_1 + \alpha_2 - 90°) + 1]\sqrt{\frac{4}{3}\left(g\Delta h + \frac{1}{2}v_0^2\right)}}{3}$$

当圆钢直径小于 246mm 时圆钢与 V 形槽碰撞过程的物理计算如下：

设圆钢初速度 v_0，第一次碰撞前速度为 v_1，碰撞后速度为 v_2；第二次碰撞前速度为 v_3，碰撞后速度为 v_4。v_1 和 v_2 的计算方法如上所述。

$$v_1 = \sqrt{\frac{4}{3}\left(g\Delta h_{U1} + \frac{1}{2}v_0^2\right)}$$

$$v_2 = \frac{[2\sin(\alpha_1 + \alpha_2 - 90°) + 1]v_1}{3} = \frac{[2\sin(\alpha_1 + \alpha_2 - 90°) + 1]\sqrt{\frac{4}{3}\left(g\Delta h_{U1} + \frac{1}{2}v_0^2\right)}}{3}$$

在 V 形槽中 $$v_{2V} = \frac{1 + 2\sin 19°}{3}\sqrt{\frac{4}{3}\left[g(88 - 0.225R) + \frac{1}{2}v_0^2\right]}$$

在 U 形槽中 $$v_{2U} = \frac{1 + 2\sin 4°}{3}\sqrt{\frac{4}{3}\left[g(132 - 0.463R) + \frac{1}{2}v_0^2\right]}$$

v_3 的计算：

$$\frac{1}{2}mv_2^2 + \frac{1}{2}J\omega_2^2 - mg\Delta h_{U2} = \frac{1}{2}mv_3^2 + \frac{1}{2}J\omega_3^2$$

$$v_3 = \sqrt{v_2^2 - \frac{4}{3}g\Delta h_{U2}} = \sqrt{0.64^2 \times \frac{4}{3}\left[g(88 - 0.1R) + \frac{1}{2}v_0^2\right] - \frac{4}{3}g(21.5 - 0.18R)}$$

v_4 的计算：

$$v_{3x} = v_3\sin(\alpha_3 + \alpha_4 - 90°),\ v_{3y} = v_3\cos(\alpha_3 + \alpha_4 - 90°)$$

$$mv_{4y} - m(-v_{3y}) = I_N$$

$$mv_{4x} - mv_{3x} = I_F$$

$$J_c\omega_{后} - J_c\omega_{前} = -I_F R$$

$$mv_{4y} = 0$$

解得：

$$v_4 = v_3\frac{[2\sin(\alpha_3 + \alpha_4 - 90°) + 1]}{3} = \frac{[2\sin(\alpha_3 + \alpha_4 - 90°) + 1]}{3}\sqrt{v_2^2 - \frac{4}{3}g\Delta h_{U2}}$$

$$= 0.92 \times \sqrt{0.64^2 \times \frac{4}{3}\left[g(88 - 0.1R) + \frac{1}{2}v_0^2\right] - \frac{4}{3}g(21.5 - 0.18R)}$$

8.3 大圆钢在 U 形、V 形槽中稳定性分析及最大直径计算

8.3.1 大圆钢稳定性分析的基本理论

根据能量守恒定理校核大圆钢在 U 形、V 形槽中的稳定性，如果圆钢滚到另一端时速度小于零则是稳定的，反之则是不稳定的。其稳定性的能量判别式为：

$$\frac{1}{2}mv_{末}^2 + \frac{1}{2}J\omega_{末}^2 - mg\Delta h_{末} < 0 \tag{8.6}$$

在 V 形槽中圆钢稳定性判断计算如下：

$$\frac{1}{2}mv_{末}^2 + \frac{1}{2}J\omega_{末}^2 - mg\Delta h_{末}$$

$$= \frac{1}{2}mv_2^2 + \frac{1}{2} \times \frac{1}{2}mR^2\left(\frac{v_2}{R}\right)^2 - mg(0.088 - 0.225R)$$

$$= \frac{3}{4}m\left\{\left(\frac{1 + 2\sin19°}{3}\right)^2 \frac{4}{3}\left[g(0.088 - 0.225R) + \frac{1}{2}v_0^2\right]\right\} -$$
$$mg(0.088 - 0.225R)$$

$$= m\left[-0.697g(0.088 - 0.225R) + 0.303 \times \frac{1}{2}v_0^2\right]$$

$$= m(1.537R + 0.152v_0^2 - 0.60)$$

圆钢稳定性判断U形槽中的计算如下：

当圆钢直径 D 的范围在246~366mm时：

$$\frac{1}{2}mv_{末}^2 + \frac{1}{2}J\omega_{末}^2 - mg\Delta h_{末}$$

$$= \frac{1}{2}mv_2^2 + \frac{1}{2} \times \frac{1}{2}mR^2\left(\frac{v_2}{R}\right)^2 - mg(0.132 - 0.463R)$$

$$= \frac{3}{4}m\left\{\left(\frac{1 + 2\sin4°}{3}\right)^2 \frac{4}{3}\left[g(0.132 - 0.463R) + \frac{1}{2}v_0^2\right]\right\} -$$
$$mg(0.132 - 0.463R)$$

$$= m\left[-0.856g(0.132 - 0.463R) + 0.144 \times \frac{1}{2}v_0^2\right]$$

$$= m(0.072v_0^2 + 3.88R - 1.107)$$

当圆钢直径 D 的范围小于246mm时：

$$\frac{1}{2}mv_{末}^2 + \frac{1}{2}J\omega_{末}^2 - mg\Delta h_{末}$$

$$= \frac{1}{2}mv_4^2 + \frac{1}{2} \times \frac{1}{2}mR^2\left(\frac{v_4}{R}\right)^2 - mg\Delta h_{U3}$$

$$= \frac{3}{4}m \times 0.92^2\left\{0.64^2 \times \frac{4}{3}\left[g(0.088 - 0.1R) + \frac{1}{2}v_0^2\right] -\right.$$
$$\left.\frac{4}{3}g(0.021.5 - 0.18R)\right\} - mg(0.0665 + 0.073R)$$

$$= -0.53 + 0.442R + 0.174v_0^2$$

直径280mm的圆钢稳定性判断如下：

圆钢在V形槽时：

$$\frac{1}{2}mv_{末}^2 + \frac{1}{2}J\omega_{末}^2 - mg\Delta h_{末}$$
$$= m(1.537R + 0.152v_0^2 - 0.60)$$
$$= m(1.537 \times 0.14 + 0.152 \times 0.09 - 0.60)$$
$$= -0.37m < 0$$

以上计算结果说明圆钢在碰撞后所剩余的能量不足以支持圆钢滚过 V 形槽，说明 ϕ280mm 圆钢在 V 形槽是稳定的。

圆钢在 U 形槽时：

$$\frac{1}{2}mv_{末}^2 + \frac{1}{2}J\omega_{末}^2 - mg\Delta h_{末}$$
$$= m(0.072v_0^2 + 3.88R - 1.107)$$
$$= m(0.072 \times 0.09 + 3.88 \times 0.14 - 1.107)$$
$$= -0.56m < 0$$

以上计算结果说明圆钢在碰撞后所剩余的能量不足以支持圆钢滚过 U 形槽，说明 ϕ280mm 圆钢在 U 形槽是稳定的。

直径 250mm 圆钢稳定性判断如下：

圆钢在 V 形槽时：

$$\frac{1}{2}mv_{末}^2 + \frac{1}{2}J\omega_{末}^2 - mg\Delta h_{末}$$
$$= m(1.537R + 0.152v_0^2 - 0.60)$$
$$= m(1.537 \times 0.125 + 0.152 \times 0.09 - 0.60) = -0.39m < 0$$

以上计算结果说明圆钢在碰撞后所剩余的能量不足以支持圆钢滚过 V 形槽，说明 ϕ250mm 圆钢在 V 形槽是稳定的。

圆钢在 U 形槽时：

$$\frac{1}{2}mv_{末}^2 + \frac{1}{2}J\omega_{末}^2 - mg\Delta h_{末}$$
$$= m(0.072v_0^2 + 3.88R - 1.107)$$
$$= m(0.072 \times 0.09 + 3.88 \times 0.125 - 1.107)$$
$$= -0.62m < 0$$

计算结果说明圆钢在碰撞后所剩余的能量不足以支持圆钢滚过 U 形槽，说明 ϕ250 圆钢在 U 形槽是稳定的。

直径 230mm 圆钢稳定性判断：

圆钢在 V 形槽时：

$$\frac{1}{2}mv_{末}^2 + \frac{1}{2}J\omega_{末}^2 - mg\Delta h_{末}$$

$$= m(1.537R + 0.152v_0^2 - 0.60)$$

$$= m(1.537 \times 0.115 + 0.152 \times 0.09 - 0.60)$$

$$= -0.41m < 0$$

以上计算结果说明圆钢在碰撞后所剩余的能量不足以支持圆钢滚过 V 形槽，说明 ϕ230mm 圆钢在 V 形槽是稳定的。

圆钢在 U 形槽时：

$$\frac{1}{2}mv_{末}^2 + \frac{1}{2}J\omega_{末}^2 - mg\Delta h_{末}$$

$$= m(-0.53 + 0.442R + 0.174v_0^2)$$

$$= m(-0.53 + 0.442 \times 0.115 + 0.174 \times 0.09)$$

$$= -0.46m < 0$$

以上计算结果说明圆钢在碰撞后所剩余的能量不足以支持圆钢滚过 U 形槽，说明 ϕ230mm 圆钢在 U 形槽是稳定的。

直径 200mm 圆钢稳定性判断：

圆钢在 V 形槽时：

$$\frac{1}{2}mv_{末}^2 + \frac{1}{2}J\omega_{末}^2 - mg\Delta h_{末}$$

$$= m(1.537R + 0.152v_0^2 - 0.60)$$

$$= m(1.537 \times 0.100 + 0.152 \times 0.09 - 0.60)$$

$$= -0.43m < 0$$

以上计算结果说明圆钢在碰撞后所剩余的能量不足以支持圆钢滚过 V 形槽，说明 ϕ200mm 圆钢在 V 形槽是稳定的。

圆钢在 U 形槽时：

$$\frac{1}{2}mv_{末}^2 + \frac{1}{2}J\omega_{末}^2 - mg\Delta h_{末}$$

$$= m(-0.53 + 0.442R + 0.174v_0^2)$$

$$= m(-0.53 + 0.442 \times 0.100 + 0.174 \times 0.09)$$

$$= -0.47m < 0$$

以上计算结果说明圆钢在碰撞后所剩余的能量不足以支持圆钢滚过 U 形槽，说明 ϕ200mm 圆钢在 U 形槽是稳定的。

8.3.2 大圆钢在冷床上稳定的最大直径计算

在 V 形槽时：

$$\frac{1}{2}mv_{末}^2 + \frac{1}{2}J\omega_{末}^2 - mg\Delta h_{末} = m(1.537R + 0.152v_0^2 - 0.60) = 0$$

计算得 $R = 381\text{mm}$，

则 $D_{max} = 762\text{mm}$。

由于能够与 V 形槽两壁相切的最大直径为 385.1mm，当直径大于 385.1mm 的运动情形，已不在本章 8.1.2 节的假设范围之内。

在 U 形槽时：

$$\frac{1}{2}mv_{末}^2 + \frac{1}{2}J\omega_{末}^2 - mg\Delta h_{末} = m(0.072v_0^2 + 3.88R - 1.107) = 0$$

计算得 $R = 0.284\text{m}$，

则 $D_{max} = 568\text{mm}$。

能够与 U 形槽两壁相切的最大直径为 366mm，当直径大于 366mm 时的运动情形，已不在本章 8.1.2 节的假设范围之内。

综上所述，根据圆钢运动的几何条件及运动学条件的计算，可以确定大圆钢在 U、V 形槽上稳定的最大直径为 366mm。

8.4 大圆钢运动过程的三维模拟

（1）建造模型。其过程为将 U-V 形槽的二维 CAD 图形传递到 MAYA 软件中并复制 U、V 线形，使复制后的 U、V 线形在 Z 方向有一定距离以产生其厚度。将 U、V 形线用 Modify 中 surface 的 loft 命令拉伸成面从而产生 U-V 形齿板，用 creator 中的 cylinder 命令制作相应规格的大圆钢，如图 8.8 所示。

（2）赋予材质。由于大圆钢在冷床运动时其温度降低，颜色变暗，通过赋予材质特性参数可使模型产生较好的视觉效果。

（3）设置模拟参数。增加冷床及圆钢运动的动力学属性，包括加入重力，设置初速度等。取重力加速度 $g = 9.8\text{m/s}^2$。把 U-V 形槽设为刚性接触体，其运动轨迹采用取关键点的方法处理，如图 8.9 所示。图 8.9 中的实线代表 U-V 形齿板沿 X 轴方向的运动轨迹，虚线代表 U-V 形齿板沿 Y 轴方向的运动轨迹。最后将完成的文件转变为 AVI 格式的动画文件便于脱离 MAYA 环境也能运行。图 8.10~图 8.13 为相关规格大圆钢在 U-V 形冷床上滚动的三维模拟。

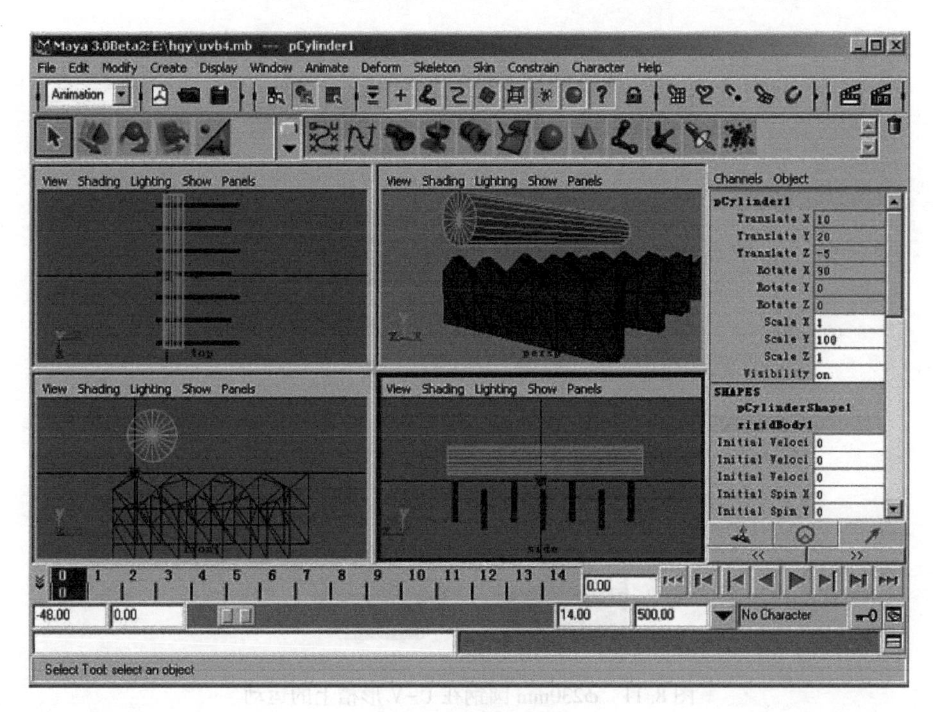

图 8.8 建模示意图

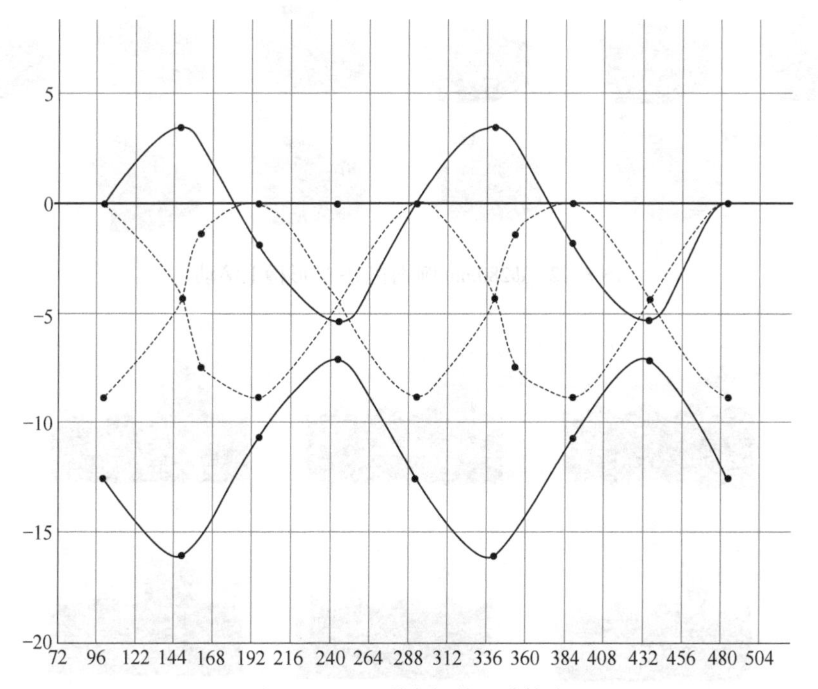

图 8.9 U-V 形齿板的运动轨迹

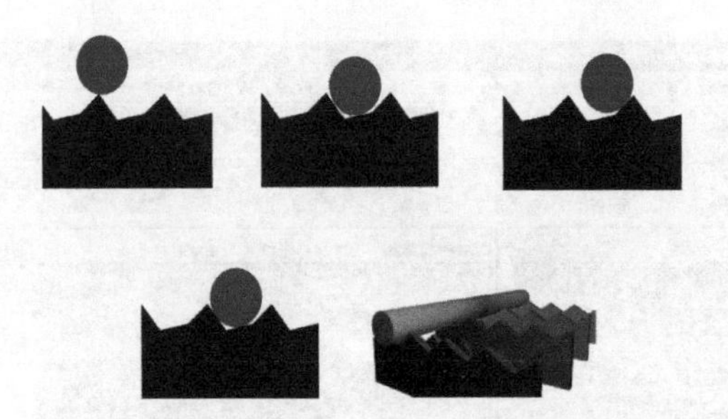

图 8.10　ϕ200mm 圆钢在 U-V 形槽上的运动

图 8.11　ϕ230mm 圆钢在 U-V 形槽上的运动

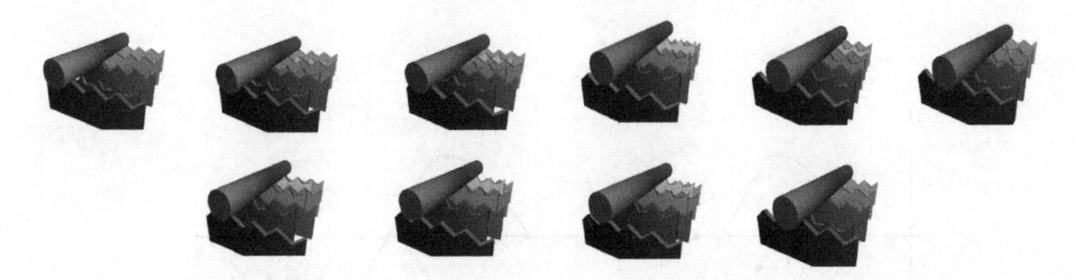

图 8.12　ϕ280mm 圆钢在 U-V 形槽上滚动

图 8.13　U-V 形冷床交错运动及 ϕ280mm 圆钢的滚动

8.5 本章小结

（1）针对若干典型规格，根据建立的大圆钢在冷床U-V形槽上的稳定性计算方法进行有效的理论分析计算。根据现场情况，U-V形齿板速度取32.6mm/s，其值远小于圆钢从推钢机推出的初速度300m/s。判断圆钢稳定性主要取决于圆钢从推钢机推出来到静止这个运动阶段。

（2）圆钢直径越大及圆钢从推钢机出来时的初速度越大则圆钢在冷床上的稳定性越差。圆钢在V形槽中的稳定性大于在U形槽中的稳定性；

（3）ϕ200mm，ϕ230mm，ϕ250mm和ϕ280mm圆钢在推钢速度为300mm/s和齿板运动速度为32.6mm/s的条件下在冷床上运动是稳定的。大圆钢在冷床上稳定的最大直径为366mm。

附录1　ϕ200mm芯棒钢精轧孔型设计结果

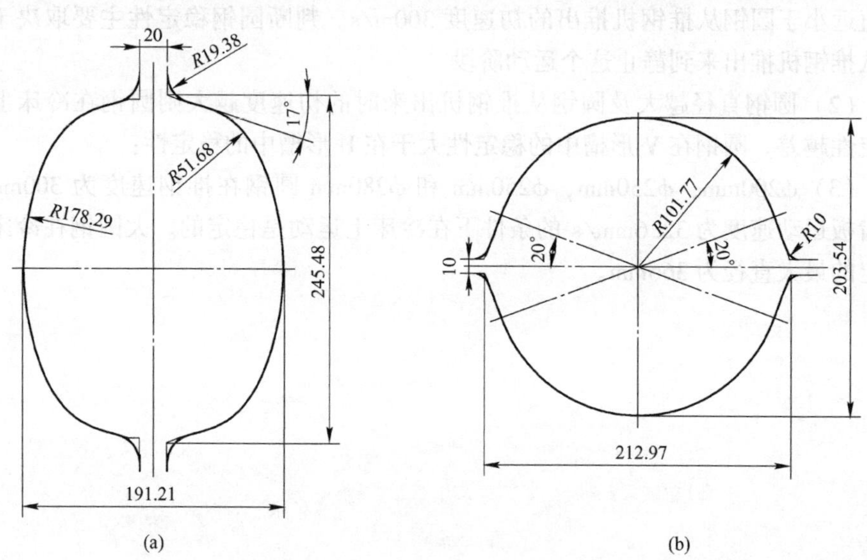

图1　两道次连轧 ϕ200mm 圆钢孔型（延伸系数分配A方案）

（a）一道次；（b）二道次

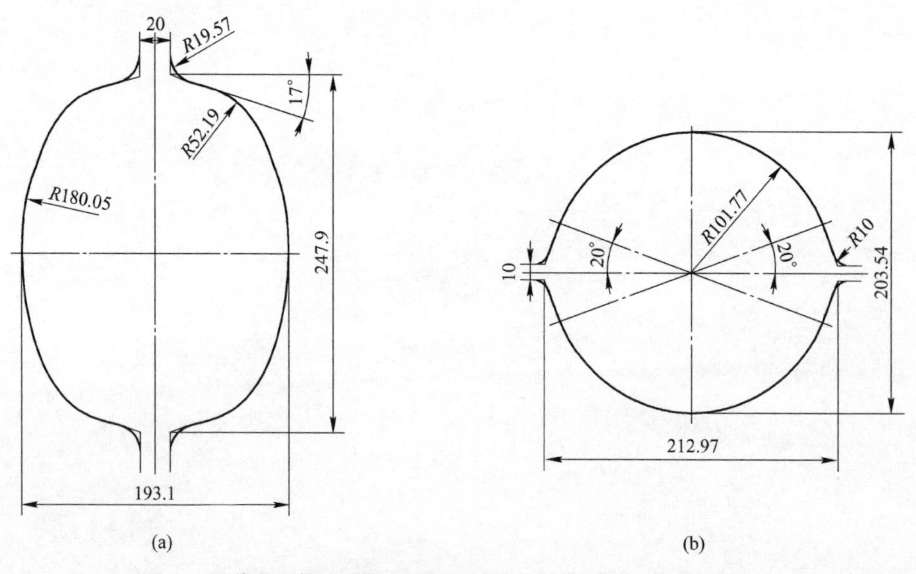

图2　两道次连轧 ϕ200mm 圆钢孔型（延伸系数分配B方案）

（a）一道次；（b）二道次

附录 2　应用 Marc 建立材料数据库的方法

首先要采用 Marc 中规定的文件名格式定义材料数据以确保程序能正确读入新建立的材料文件。定义材料数据用前缀 usr，流变应力数据用文件扩展 . mat，usr 之后最多允许有 8 个字符。

例如，若将材料命名为 usr_material，则要建立一个 Marc 的 GUI 数据库文件 usr_ material. mud 或 usr_ material. mfd 以及一个流变应力数据文件 usr_ material. mat。

将 GUI 数据库文件置于目录 mentat/materials/directory，将流变应力数据文件置于目录 marc/AF_flowmat。

Marc 添加新材料的具体步骤如下：

第 1 步：收集材料物性参数和屈服应力。采集新材料的实验数据，这可能包括：杨氏模量、泊松比、密度、热膨胀系数、屈服应力、热传导率、比热容、潜热等。这些物性参数可能与温度有关。屈服应力依赖于等效塑性应变并可能与应变速率有关。

为了描述材料屈服行为，需要得到柯西应力（真应力）与对数应变（真应变）的关系数据。因此如材料数据为其他形式需进行转换之，而且要注意单位的一致性。

第 2 步：建立一个新数据库。用 FILES>NEW 清除旧数据。SAVE AS 建立一个有合适文件名的数据库。材料名称除前缀和扩展名外不能超过 8 个字符。

第 3 步：用 MATERIAL 和 TABLE 菜单定义屈服应力以外的材料性能参数。初始屈服应力取 1。

第 4 步：保存该材料的数据库并将该文件命名为 usr_material. mfd 或 usr_material. mud。

第 5 步：将该数据库文件移至目录：mentat/materials/. 。注意不要覆盖之前定义了的材料。

第 6 步：用编辑器定义一个流变应力文件，文件名应该为：usr_ material. mat。

Marc 中流变应力文件的结构如下：

文件 x_xxxxcc. dat 中的结构

1. data card：Specify unit system used in this data file. If default,
   the flow stress data will be assumed using SI（mm）unit

Format: SSI (mm) or SSI (m) or SUS (inch)

2. data card: Material name beginning in column one with the
material identification number

Format: character * 40

Example: 3. 2318 AlMgSi 1

3. data card: ncurves, npoints, ntemps, nerates, number of:

where ncurves: number of curves in input (Max. 400)

npoints: number of data points in each curve (Max. 100)

ntemps: number of reference temperatures (Max. 20)

nerates: number of reference strain rates (Max. 20)

Format: four integer in free format

Example: 30, 13, 5, 6

4. data card: eqpemin, eqpemax, equivalent plastic strain range of the
material described in this input eqpemin
must be = 0. 0, logarithmic strain measure

Format: two real in free format

Example: 0. 0, 7. 0,

5. data card: eratmin, eratmax, equivalent plastic strain rate range of the
material described in this input

Format: two real in free format

Example: 0. 2, 10. 0,

6. data card: eratmin, eratmax, Temperature range of the material
described in this input

Format: two real in free format

Example: 350. 0, 550. 0,

The following data are repeated "ncurves" time (See card 2)

7. 0 data card: documentation text, character * 80

7. 1 data card: icurve, temp., erate, sequential curve identification number, Temperature and
equivalent plastic strain rate

7. 2 data card: eqpmin, eq_stress, logarithmic equivalent plastic strain and equivalent von
mises (true) stress (first point)

7. n data card: eqpmax, eq_stress, logarithmic equivalent plastic strain and equivalent von
mises (true) stress (npoint' th point, see card 2)

7. 0: Format: character * 80

Example: = = =CURVE_01 Sig_Yiel, T=350. C, Eps_dot=0. 21/s

7. 1: Format: one integer, two real in free format

Example: 1, 350. 0, 0. 20,

7. 2: Format: two real in free format

Example：0.00，78.0，
7.i：Format：two real in free format
Example：11.75，59.0，0，
7.n：Format：two real in free format
Example：7.00，52.0，
…

举例，H11 流变应力文件（1_8888__.dat）格式如下

```
1.8888 H 11
  24，14，8，3，
  0.01，1.20，
  0.5，5.0，
  800.0，1150.0，
===CURVE_01 Sig_Yiel，T=800.0 C，Eps_dot=0.50 1/s
  1，800.0，0.50，
0.01，380.3，
0.05，417.8，
0.10，432.4，
0.20，443.6，
0.30，446.9，
0.40，446.8，
0.50，445.0，
0.60，442.0，
0.70，438.3，
0.80，434.0，
0.90，429.4，
1.00，424.4，
1.10，419.3，
1.20，414.0，
===CURVE_02 Sig_Yiel，T=850.0 C，Eps_dot=0.50 1/s
  2，850.0，0.50，
0.01，251.8，
0.05，296.8，
0.10，316.7，
0.20，334.8，
0.30，343.3，
0.40，347.6，
0.50，349.6，
0.60，350.0，
0.70，349.4，
```

0.80, 348.0,
0.90, 346.1,
1.00, 343.7,
1.10, 340.9,
1.20, 337.9,
= = =CURVE_03 Sig_Yiel, T=900.0 C, Eps_dot=0.50 1/s
3, 900.0, 0.50,
0.01, 169.8,
0.05, 214.7,
0.10, 236.1,
0.20, 257.3,
0.30, 268.6,
0.40, 275.4,
0.50, 279.6,
0.60, 282.2,
0.70, 283.6,
0.80, 284.2,
0.90, 284.0,
1.00, 283.4,
1.10, 282.3,
1.20, 280.8,
= = =CURVE_04 Sig_Yiel, T=950.0 C, Eps_dot=0.50 1/s
4, 950.0, 0.50,
0.01, 116.4,
0.05, 157.9,
0.10, 178.9,
0.20, 201.0,
0.30, 213.5,
0.40, 221.7,
0.50, 227.3,
0.60, 231.3,
0.70, 234.0,
0.80, 235.8,
0.90, 236.9,
1.00, 237.4,
1.10, 237.5,
1.20, 237.2,
= = =CURVE_05 Sig_Yiel, T=1000.0 C, Eps_dot=0.50 1/s

```
 5, 1000.0, 0.50,
0.01, 80.9,
0.05, 117.7,
0.10, 137.5,
0.20, 159.2,
0.30, 172.1,
0.40, 181.0,
0.50, 187.4,
0.60, 192.2,
0.70, 195.8,
0.80, 198.4,
0.90, 200.4,
1.00, 201.8,
1.10, 202.7,
1.20, 203.2,
===CURVE_06 Sig_Yiel, T=1050.0 C, Eps_dot=0.50 1/s
 6, 1050.0, 0.50,
0.01, 56.9,
0.05, 88.9,
0.10, 107.0,
0.20, 127.7,
0.30, 140.5,
0.40, 149.6,
0.50, 156.5,
0.60, 161.7,
0.70, 165.8,
0.80, 169.1,
0.90, 171.6,
1.00, 173.6,
1.10, 175.1,
1.20, 176.2,
===CURVE_07 Sig_Yiel, T=1100.0 C, Eps_dot=0.50 1/s
 7, 1100.0, 0.50,
0.01, 40.5,
0.05, 67.8,
0.10, 84.2,
0.20, 103.6,
0.30, 116.0,
0.40, 125.1,
```

0.50, 132.1,
0.60, 137.6,
0.70, 142.1,
0.80, 145.7,
0.90, 148.7,
1.00, 151.1,
1.10, 153.0,
1.20, 154.6,
= = =CURVE_08 Sig_Yiel, T=1150.0 C, Eps_dot=0.50 1/s
 8, 1150.0, 0.50,
0.01, 29.1,
0.05, 52.3,
0.10, 66.9,
0.20, 84.8,
0.30, 96.7,
0.40, 105.6,
0.50, 112.6,
0.60, 118.3,
0.70, 122.9,
0.80, 126.8,
0.90, 130.0,
1.00, 132.8,
1.10, 135.0,
1.20, 136.9,
= = =CURVE_09 Sig_Yiel, T=800.0 C, Eps_dot=2.00 1/s
 9, 800.0, 2.00,
0.01, 407.1,
0.05, 447.2,
0.10, 462.9,
0.20, 474.8,
0.30, 478.3,
0.40, 478.3,
0.50, 476.3,
0.60, 473.1,
0.70, 469.1,
0.80, 464.6,
0.90, 459.6,
1.00, 454.3,
1.10, 448.8,

1.20, 443.2,
===CURVE_10 Sig_Yiel, T=850.0 C, Eps_dot=2.00 1/s
10, 850.0, 2.00,
0.01, 268.1,
0.05, 316.0,
0.10, 337.2,
0.20, 356.5,
0.30, 365.5,
0.40, 370.1,
0.50, 372.2,
0.60, 372.7,
0.70, 372.0,
0.80, 370.5,
0.90, 368.5,
1.00, 365.9,
1.10, 363.0,
1.20, 359.8,
===CURVE_11 Sig_Yiel, T=900.0 C, Eps_dot=2.00 1/s
11, 900.0, 2.00,
0.01, 179.9,
0.05, 227.4,
0.10, 250.1,
0.20, 272.6,
0.30, 284.5,
0.40, 291.7,
0.50, 296.2,
0.60, 298.9,
0.70, 300.4,
0.80, 301.0,
0.90, 300.8,
1.00, 300.1,
1.10, 299.0,
1.20, 297.4,
===CURVE_12 Sig_Yiel, T=950.0 C, Eps_dot=2.00 1/s
12, 950.0, 2.00,
0.01, 122.6,
0.05, 166.3,
0.10, 188.5,
0.20, 211.7,

0.30, 224.9,
0.40, 233.6,
0.50, 239.5,
0.60, 243.6,
0.70, 246.5,
0.80, 248.4,
0.90, 249.6,
1.00, 250.1,
1.10, 250.2,
1.20, 249.9,
= = =CURVE_13 Sig_Yiel, T=1000.0 C, Eps_dot=2.00 1/s
13, 1000.0, 2.00,
0.01, 84.8,
0.05, 123.3,
0.10, 144.1,
0.20, 166.8,
0.30, 180.4,
0.40, 189.7,
0.50, 196.4,
0.60, 201.4,
0.70, 205.1,
0.80, 207.9,
0.90, 210.0,
1.00, 211.4,
1.10, 212.4,
1.20, 212.9,
= = =CURVE_14 Sig_Yiel, T=1050.0 C, Eps_dot=2.00 1/s
14, 1050.0, 2.00,
0.01, 59.3,
0.05, 92.6,
0.10, 111.5,
0.20, 133.1,
0.30, 146.5,
0.40, 156.0,
0.50, 163.1,
0.60, 168.6,
0.70, 172.9,
0.80, 176.3,
0.90, 178.9,

1.00, 181.0,
1.10, 182.5,
1.20, 183.7,
= = =CURVE_15 Sig_Yiel, T=1100.0 C, Eps_dot=2.00 1/s
15, 1100.0, 2.00,
0.01, 42.0,
0.05, 70.3,
0.10, 87.3,
0.20, 107.4,
0.30, 120.3,
0.40, 129.7,
0.50, 136.9,
0.60, 142.7,
0.70, 147.3,
0.80, 151.1,
0.90, 154.1,
1.00, 156.6,
1.10, 158.6,
1.20, 160.2,
= = =CURVE_16 Sig_Yiel, T=1150.0 C, Eps_dot=2.00 1/s
16, 1150.0, 2.00,
0.01, 30.0,
0.05, 54.0,
0.10, 69.0,
0.20, 87.5,
0.30, 99.8,
0.40, 108.9,
0.50, 116.1,
0.60, 122.0,
0.70, 126.8,
0.80, 130.8,
0.90, 134.1,
1.00, 136.9,
1.10, 139.3,
1.20, 141.2,
= = =CURVE_17 Sig_Yiel, T=800.0 C, Eps_dot=5.00 1/s
17, 800.0, 5.00,
0.01, 425.8,
0.05, 467.8,

0.10，484.2，
0.20，496.7，
0.30，500.3，
0.40，500.3，
0.50，498.2，
0.60，494.9，
0.70，490.7，
0.80，486.0，
0.90，480.8，
1.00，475.2，
1.10，469.5，
1.20，463.6，
= = =CURVE_18 Sig_Yiel，T=850.0 C，Eps_dot=5.00 1/s
18，850.0，5.00，
0.01，279.5，
0.05，329.4，
0.10，351.5，
0.20，371.6，
0.30，381.0，
0.40，385.8，
0.50，388.0，
0.60，388.4，
0.70，387.8，
0.80，386.2，
0.90，384.1，
1.00，381.4，
1.10，378.4，
1.20，375.0，
= = =CURVE_19 Sig_Yiel，T=900.0 C，Eps_dot=5.00 1/s
19，900.0，5.00，
0.01，186.8，
0.05，236.2，
0.10，259.8，
0.20，283.1，
0.30，295.5，
0.40，303.0，
0.50，307.6，
0.60，310.5，
0.70，312.0，

0.80, 312.6,
0.90, 312.5,
1.00, 311.7,
1.10, 310.5,
1.20, 309.0,
= = =CURVE_20 Sig_Yiel, T=950.0 C, Eps_dot=5.00 1/s
20, 950.0, 5.00,
0.01, 126.9,
0.05, 172.1,
0.10, 195.1,
0.20, 219.2,
0.30, 232.8,
0.40, 241.7,
0.50, 247.9,
0.60, 252.2,
0.70, 255.1,
0.80, 257.1,
0.90, 258.3,
1.00, 258.9,
1.10, 259.0,
1.20, 258.6,
= = =CURVE_21 Sig_Yiel, T=1000.0 C, Eps_dot=5.00 1/s
21, 1000.0, 5.00,
0.01, 87.4,
0.05, 127.2,
0.10, 148.6,
0.20, 172.1,
0.30, 186.1,
0.40, 195.6,
0.50, 202.6,
0.60, 207.7,
0.70, 211.6,
0.80, 214.5,
0.90, 216.6,
1.00, 218.1,
1.10, 219.0,
1.20, 219.6,
= = =CURVE_22 Sig_Yiel, T=1050.0 C, Eps_dot=5.00 1/s
22, 1050.0, 5.00,

0.01, 61.0,
0.05, 95.2,
0.10, 114.6,
0.20, 136.8,
0.30, 150.6,
0.40, 160.3,
0.50, 167.6,
0.60, 173.3,
0.70, 177.7,
0.80, 181.2,
0.90, 183.9,
1.00, 186.0,
1.10, 187.6,
1.20, 188.8,
===CURVE_23 Sig_Yiel, T=1100.0 C, Eps_dot=5.00 1/s
23, 1100.0, 5.00,
0.01, 43.0,
0.05, 72.0,
0.10, 89.4,
0.20, 110.0,
0.30, 123.2,
0.40, 132.8,
0.50, 140.3,
0.60, 146.1,
0.70, 150.9,
0.80, 154.7,
0.90, 157.9,
1.00, 160.4,
1.10, 162.5,
1.20, 164.1,
===CURVE_24 Sig_Yiel, T=1150.0 C, Eps_dot=5.00 1/s
24, 1150.0, 5.00,
0.01, 30.6,
0.05, 55.1,
0.10, 70.4,
0.20, 89.3,
0.30, 101.8,
0.40, 111.2,
0.50, 118.5,

0.60，124.5，
0.70，129.4，
0.80，133.5，
0.90，136.9，
1.00，139.7，
1.10，142.1，
1.20，144.1，
…

第 7 步：可将流变应力文件放在当前目录或移至目录 marc/AF_flowmat 共享或用作其他项目。

第 8 步：通过菜单 material properties>read> read other materials 并输入材料名即可读入新建立的材料。

参考文献

[1] 鹿守理，赵辉，张鹏．金属塑性加工的计算机模拟［J］. 轧钢，1997（4）：54~57.
[2] 鹿守理，赵俊萍，沈维祥．计算机在轧钢中的应用［J］. 宝钢技术，1999（2）：59~60.
[3] 鹿守理．计算机辅助孔型设计［M］北京：冶金工业出版社，1993.
[4] 董德元，鹿守理，赵以相．轧制计算机辅助工程［M］. 北京：冶金工业出版社，1991，7：242~243.
[5] 洪慧平，康永林．棒、线、型材轧制过程的计算机模拟仿真［J］. 轧钢，2004，21（3）：28~40.
[6] 赵辉，刘靖，鹿守理．金属塑性变形过程的数值计算方法［J］. 钢铁研究，1997，3：15~20.
[7] 朱为昌．金属塑性加工力学［M］. 北京：兵器工业出版社，1996，87：114.
[8] 赵志业．金属塑性变形与轧制理论［M］. 北京：冶金工业出版社，1980：236.
[9] 雨宫好文，安田仁彦．CAD/CAM/CAE 入门［M］. 赵文珍，译．北京：科学出版社，2000：106.
[10] 王祖城，汪家才．弹性和塑性理论及有限单元法［M］. 北京：冶金工业出版社，1983：11.
[11] 胡忠．塑性有限元模拟技术的最新进展［J］. 塑性工程学报，1994，9：3~12.
[12] 乔端，钱仁根．非线性有限元法及其在塑性加工中的应用［M］. 北京：冶金工业出版社，1990.
[13] Kobayashi S，Oh S I，Altan T. Metal Forming and the Finite Element Method，Oxford University Press，Oxford，1989.
[14] 申光宪，肖宏，陈一鸣．边界元法［M］. 北京：机械工业出版社，1988.
[15] 张有天．边界元法及其在工程中的应用［M］. 北京：水利电力出版社，1989.
[16] 姚寿广．边界元数值方法及其工程应用［M］. 北京：国防工业出版社，1995.
[17] 理查森．有限差分初步［M］. 赵文敏，译．台北：徐氏基金会，1977.
[18] Hibbitt H D，Marcal P V，Rice J R. A Finite Element formulation for problems of large strain and large displacement［J］. Int. J. Solids Struct.，1970，6：1069~1070.
[19] McMeeking R M，Rice J R. Finite Element Formulations for Problems of Large Elastic-Plastic Deformation［J］. Int. J. Solids Struct.，1975（11）：601.
[20] Liu C，Hartley P，et al. Analysis of Stress and Strain Distributionsin Slab Rolling Using an Elastic-Plastic Finite-Element Method. Int. J. For Numer［J］. Methods Eng. 1988（25）：55~56.
[21] Amo Hensel，Bingji Li. Use of the Finite Element Method in the Productioin of Angle Steel Sections［J］. Stahl und Eisen. 1995，155（2）：61~67.
[22] Korhonen A S，Rantanen A. Microstructure Evolution During Hot Rolling［J］. Annals of CIRP. 1991，40（1）：263~265.
[23] 何慎．二辊钢管斜轧延伸过程计算机模拟系统的研究［D］. 北京：北京科技大学，1998.
[24] 张鹏，鹿守理，高永生．板带轧制过程温度场有限元模拟及影响因素分析（Ⅰ）［J］. 北京科技大学学报，1997，19（5）：471~475.

[25] 张鹏，鹿守理，高永生．板带轧制过程温度场有限元模拟及影响因素分析（Ⅱ）［J］．北京科技大学学报，1998，20（1）：99~102.

[26] 张鹏，鹿守理，高永生．简单断面型钢热轧过程的数值模拟［J］．钢铁研究学报，1999，11（3）：25~29.

[27] 阎军．角钢变形有限元模拟及孔型优化设计方法研究［D］．北京：北京科技大学，2000.

[28] 阎军，鹿守理．椭圆孔型中轧件变形的三维有限元分析［J］．特殊钢，1999，20（4）：22~24.

[29] 王艳文，康永林，等．棒材四道次连轧过程中轧件变形的三维有限元模拟［J］．材料科学与工艺．1999，7（增刊）：228~230.

[30] 王艳文，康永林，余智勇，等．棒材热轧过程中组织变化的有限元模拟，1999，22（4）：50~52.

[31] Wang Y W，Kang Y L，Yuan D H，et al. Numerical Simulation of Round to Oval Rolling Process［J］．Acta Metallurgical Sinica（English Letters），2000，13（2）：428~433.

[32] 尚进．60kg/m 钢轨热轧过程有限元模拟及工艺分析［D］．北京：北京科技大学，2001.

[33] 窦晓峰．金属热变形时组织演化的有限元模拟［D］．北京：北京科技大学，1998.

[34] Lee C H，Kobayashi S. New Solutions to rigid-plastic deformation problems using a matrix method［J］．Trans. ASME，J. Engr. Ind.，1973（95）：865.

[35] Guo ji Li，Kobayashi S. Spread Analysis in Rolling by the Rigid-Plastic Finite Element Method［J］．Numerical Methods in Industrial Forming Processes，1982：777~783.

[36] Guo ji Li，Kobayashi S. Rigid-Plastic Finite Element Analysis of Plane Strain Rolling［J］．Transaction of ASME，Journal of Engineering for Industry，1981（102）．

[37] Kobayashi S. Thermoviscoplastic Analysis of Metal Forming Problems by the Finite Element Method［C］//NUMIFORM82 Conference，Swansea，UK，1982：17~25.

[38] Mori K，Osakada K. Simulation of Three Dimensional Rolling by the Rigid-Plastic Finite Element Method［J］．NUMIFORM88：747~756.

[39] Mori K，Osakada K. Finite-Element Simulation of Three-Dimensional Shape Rolling［J］．International Journal for Numerical Methods in Engineering，1990（30）：1431~1440.

[40] Mori K，Osakada K. Simulation of Three-Dimensional Deformation in Rolling by the Finite Element Method［J］．Int. J. Mech. Sci.，1984（26）：515~525.

[41] Mori K，Osakada K，Oda T. Simulation of Plastic Strain Rolling by the Rigid-Plastic Finite Element Method［J］．Int. J. Mech. Sci.，1982（24）：519.

[42] Kim N，Kobayashi S，Altan T. Three-Dimensional Analysis and Computer Simulation of Shape Rolling by the Finite and Slab Element Method［J］．Int. J. Mach. Tools Manufact.，1991（31）：553~563.

[43] Kim N，Lee S M，et al. Simulation of Square-to-Oval Single Pass Rolling Using a Computationally Effective Finite and Slab Element Method［J］．Journal of Engineering for Industry，1992（114）：329~335.

[44] Xin P，Aizawa Tatsuhiko，Kihara Junji. Roll Pass Evolution for Hot Shape Rolling Processes［J］．Journal of Materials Processing Technology，1991（27）：163~178.

[45] Yanagimoto J, Kiuchi M, Inoue Y. Characterization of Wire and Rod Rolling with Front and Back Tensions by Three-Dimensional Rigid-PlasticFinite Element Method [J]. Proceedings of 4th ICTP, 1993: 754~757.

[46] Yanagimoto J, Kiuchi M. Three-Dimensional Rigid-Plastic FE Simulation System for Shape Rolling with Inter-Stand Remeshing [C] //Poceedings of International Conference for Metal Forming Process Simulation in Industry, 1994: 219~237.

[47] Manabu Kiuchi, Jun Yanagimoto. Computer Aided Simulation of Universal Rolling Processes [J]. ISIJ International, 1990 (30): 142~149.

[48] 刘相华. 刚塑性有限元及其在轧制中的应用 [M]. 北京: 冶金工业出版社, 1994.

[49] 刘相华, 白光润. 万能孔型带张力轧制 H 型钢的研究 [J]. 东北工学院学报, 1986, 1: 28~31.

[50] 沙刚, 刘相华, 白光润. 四辊万能孔型中轨形件宽展的数值解 [J]. 东北大学学报 (自然科学版), 1996, 17 (3): 282~286.

[51] 谢水生, 王祖堂. 金属塑性成形工步的有限元数值模拟 [M]. 北京: 冶金工业出版, 1997.

[52] Kobayashi S. Thermoviscoplastic Analysis of Metal Forming Problems by the Finite Element Method [C] //NUMIFORM'82 Conference, Swansea, UK, 1982: 17~25.

[53] Park J J, Oh S I. Application of Three-Dimensional Finite Element Analysis to Shape Rolling Prcosses [J]. Transaction of the ASME, 1990 [112]: 36~46.

[54] Kopp R. 金属塑性加工计算机模拟 [C] //中德学术研讨会论文集, 1996.

[55] Li Y H, Sellars C M. Comparative investigations of interfacial heat transfer behavior during hot forging and rolling of steel with oxide scale formation [J]. Journal of Materials Processing Technology, 1998, 80~81: 282.

[56] Lundberg Sven-Erik. Evaluation of roll surface temperature and heat transfer in the roll gap by temperature measurements in the rolls [J]. Scandinavian Journal of Metallurgy, 1997, 26: 20~26.

[57] Jiang Z Y, Tieu A K. A method to analyse the rolling of strip with ribs by 3D rigid visco-plastic finite element method [J]. Journal of Materials Processing Technology, 117, 2001: 146~152.

[58] Ghouati O, Gelin J C. Identification of material parameters directly from metal forming processes [J]. Journal of Materials Processing Technology, 1998, 80~81: 560~564.

[59] Fletcher J D, Beynon J H. Heat transfer conditions in roll gap in hot strip rolling [J]. Ironmaking and Steelmaking, 1996, 23 (1): 52~57.

[60] Baltov A I, Nedev A G. An approach to the modeling of contact friction during rolling [J]. Journal of Materials Processing Technology, 1995, 53: 695~711.

[61] Montmitonnet P, Hacquin A. Inplementation of an anisotropic friction law in a 3D finite element model of hot rolling [J]. Simulation of Materials Processing, NUMIFORM95: 301~306.

[62] 阎军, 鹿守理. 金属热变形时摩擦边界条件的确定 [J]. 北京科技大学学报, 1999, 21 (6): 539~542.

[63] 张鹏. 有限元模拟的边界条件研究及热轧过程智能型模拟系统的开发 [D]. 北京：北京科技大学，2000.

[64] 曹晖，张鹏，高永生. 不锈钢传热过程分析及热传导系数的确定 [J]. 北京科技大学学报，1998，20 (6)：541~544.

[65] Kopp R，Franzke M，Koch M，et al. Numerical simulation of metal-forming processes. Proceedings of the international conference on modelling and simulation in metallurgical engineering and materials science [M]. Beijing：Metallurgical Industry Press，1996. 555.

[66] 洪慧平. 金属塑性成形数值模拟 [M]. 北京：高等教育出版社，2014.

[67] Reiner Kopp，Herbert Wiegels. 金属塑性成形导论 [M]. 北京：高等教育出版社 2010.

[68] Jiang Z Y，Tie A K. A simulation of three-dimensional metal rolling processes by rigid-plastic finite element method [J]. Journal of Materials Processing Technology，2001，112：144~151.

[69] 杜凤山，周维海，臧新良. 板带热连轧过程的计算机仿真 [J]. 机械工程学报，2001，37 (12)：67~69.

[70] 张晓明，姜正义，刘相华，等. 板坯轧制的刚粘塑性有限元分析 [J]. 塑性工程学报，2001，8 (3)：71~76.

[71] 刘立忠，刘相华，姜正义. 利用显式动力学有限元法模拟平板轧制过程 [J]. 塑性工程学报，2001，8 (1)：51~54.

[72] 徐致让，卞致瑞. 带钢热连轧动压轴承速度补偿有限元分析 [J]. 北京科技大学学报，2000，22 (3)：267~269.

[73] 包仲南，陈先霖，张清东. 带钢热连轧机工作辊瞬态温度场的有限元模拟 [J]. 北京科技大学学报，1999，21 (1)：60~63.

[74] 孔祥伟，李壬龙，王秉新，等. 轧辊温度场及轴向热凸度有限元计算 [J]. 钢铁研究学报，2000，12 (增刊)：51~54.

[75] 李平，庄茁，李殿中. 板带钢热连轧及微观组织演变非线性三维仿真 [J]. 力学与实践，2002，24：35~38.

[76] 兰勇军，陈祥永，黄成江. 带钢热连轧过程中温度演变的数值模拟和实验研究 [J]. 金属学报，2001，37 (1)：100~103.

[77] 薛利平，鹿守理，窦晓峰，等. 金属热变形时组织演化的有限元模拟及性能预报 [J]. 北京科技大学学报，2000，22 (1)：34~37.

[78] 李长生，刘相华，王国栋. 40Cr 钢棒材连轧过程温度场有限元模拟 [J]. 钢铁研究学报，1999，3：33~35.

[79] Li C S，Liu X H，Wang G D. Simulation on temperature field of 50CrV4 automobile gear bar steel in continuous rolling by FEM [J]. Journal of Materials Processing Technology，2002，120：26~29.

[80] Wang Y W，Kang Y L，Yuan D H，et al. Numerical simulation of round to oval rolling process. Acta Metallurgical Sinica (English Letters)，2000，13 (2)：428~433.

[81] 阎军，鹿守理. 角钢蝶式孔限制宽展的有限元模拟 [J]. 塑性工程学报，2000，7 (2)：12~15.

[82] 阎军，鹿守理，陈希克．角钢成形过程三维有限元热力耦合模拟［J］. 北京科技大学学报，1999，21（5）：483~486.

[83] Kazutake Komori，Katsuhiko Koumura. Simulation of deformation and temperature in multi-pass H-shape rolling. Journal of Materials Processing Technology，2000，105：24~31.

[84] 薛利平．二辊钢管斜轧延伸计算机模拟及工艺优化［D］. 北京：北京科技大学，2000 .

[85] 薛利平，鹿守理，何慎，等．钢管斜轧延伸工艺参数的诊断和优化［J］. 北京科技大学学报，1998，20（1）：88~92.

[86] 李立新，刘雪峰，王凌云，等．材料热加工组织性能数值模拟的现状及发展［J］. 特殊钢，2000，21（1）：4.

[87] Wells M. A. et al. Modeling thr Microstructural Changes during Hot Tandem Rolling of AA5 *** Aluminum Alloys（part1）. Metallurgical and Materials Transactions，1998（6）：621.

[88] 赵辉，鹿守理，Kopp R. 金属热变形过程再结晶组织的计算机模拟［J］. 钢铁，1995，30（增刊）：72~75.

[89] Dyja H，Korczak P. The thermal-mechanical and microstructural model for the FEM simulation of hot plate rolling. Journal of Materials Technology，1999，92~93：463~467.

[90] 王利明，等．Rollan：带钢热轧过程组织演变与性能预测软件的开发［C］//中国金属学会编．新一代钢铁材料研讨会（NG STEEL’2001）论文集．北京：2001. 484~485.

[91] 沈俊昶，等．合金钢组织性能计算机预报计优化系统［C］//中国金属学会编．新一代钢铁材料研讨会（NG STEEL’2001）论文集 北京：2001：505~507.

[92] 王广春，管婧，马新武，等．金属塑性成形过程的微观组织模拟与优化技术研究现状［J］. 塑性工程学报，2002，9（1）：1~5.

[93] Marc 2013 Volume A：Theory and User Information. MSC. Software Corporation，2013.

[94] Marc 2013 Volume A：User's Guide. MSC. Software Corporation，2013.

[95] 陈火红．Marc 有限元实例分析教程［M］. 北京：机械工业出版社，2002.

[96] 洪慧平．材料成形计算机辅助工程［M］. 北京：冶金工业出版社，2015.

[97] 黄华清．轧钢机械［M］. 北京：冶金工业出版社，1980.

[98] 刘宝珩．轧钢机械设备［M］. 北京：冶金工业出版社，1986.